Gerhard E. Schmitt
Naturkundliche Wanderungen in Hessen

Naturkundliche Wanderungen in Hessen

von
Gerhard E. Schmitt

HITZEROTH

Fotos und Zeichnungen:
Museum für Vor- und Frühgeschichte Wiesbaden (2/11),
Museum für Vor- und Frühgeschichte Kassel (1/–),
Saalburgmuseum (3/2), Dr. G. E. Schmitt (35/9),
Senckenberg-Museum, Frankfurt (2/–), G. Stein (2/–)

CIP-Titelaufnahme der Deutschen Bibliothek

Schmitt, Gerhard E.:
Naturkundliche Wanderungen in Hessen / Gerhard E. Schmitt.
– Marburg : Hitzeroth, 1990
ISBN 3-89398-001-6

Umschlaggestaltung: Gerhard Exel
Gesamtherstellung: Joh. Aug. Koch, Marburg
Printed in Germany
ISBN 3–89398–001–6

Inhaltsverzeichnis

Mein besonderer Dank für Unterstützung sowie Überlassung von Bildern und Zeichnungen gilt: Herrn Prof. Dr. D. Baatz (Saalburgmuseum), Herrn Dr. F. R. Herrmann (Wiesbaden), Frau Dr. I. Kappel (Kassel), Herrn Dr. M. Laemmlen (Wiesbaden), Herrn Dr. S. Schaal (Frankfurt am Main), Herrn G. Stein (Frankfurt am Main).

1. Einleitung

Das vorliegende Wanderbuch ist in 4 Abschnitte untergliedert. Im 1. Abschnitt geht es um geologische und botanische Wanderungen in Hessen, im 2. und 3. Abschnitt werden Höhlen und Bergwerke vorgestellt, und im letzten Abschnitt findet man zahlreiche Wandervorschläge zu archäologischen Überresten in Hessen.
Jeder der einzelnen Abschnitte enthält eine populärwissenschaftliche Einführung in das jeweilige Gebiet. Besonderer Wert wurde auf die geologischen Grundlagen gelegt. Ich habe versucht, in anschaulicher Weise die geologische Geschichte unseres Landes darzustellen sowie die wichtigsten Gesteine und Minerale zu beschreiben (siehe Anhang).
Eine einfache, verständliche und dennoch sachlich richtige Einführung in die Geologie ist heutzutage leider eine Seltenheit. Für die meisten Wissenschaftler ist eine spannende Darstellung der geologischen Abläufe eher verpönt.
Für eine spannende, erzählende Darstellung ist eine Vereinfachung vieler Vorgänge unumgänglich. Das bedeutet, daß strittige Detailfragen hier übergangen werden. Dafür erhält der Leser jedoch einen einprägsamen, bildhaften Eindruck, der nicht nur leicht zu verstehen ist, sondern auch durch die Wanderungen „angefaßt" werden kann.
Für jede größere Wanderung sind die neuesten topographischen Karten abgebildet. Der Wanderer muß also wenigstens in der Lage sein, nach Karte zu wandern. Festes Schuhwerk und Allwetterkleidung sind selbstverständlich. Für die Befahrung kleinerer Höhlen empfehle ich 2 Taschenlampen und einen Baustellenhelm als Mindestausrüstung. Ein stabiler Hammer, eine Lupe (für Minerale im Gestein) und eine Kamera sind im Gelände sehr hilfreich.
Das Wanderbuch sollte ein ständiger Begleiter bei Fahrten in Hessen sein. Der Leser wird merken, wie spannend es ist, nach der Karte neue und unbekannte Wege zu suchen, Steinbrüche, alte Ringwälle oder Höhlen zu finden und sich mit etwas Phantasie in die Vergangenheit zu versetzen. Dabei wird ihm sicherlich der eine oder andere Rückschlag nicht erspart bleiben. Leider gibt es bei uns eine sogenannte „Flurbereinigung", bei der man mit aller Gewalt die Natur nach den menschlichen Bedürfnissen umgestaltet. Dieser so schön umschriebene Eingriff bewirkt leider auch, daß mancher geologische Aufschluß oder mancher Weg einfach verschwindet und dann mit meiner Beschreibung nicht mehr zu finden ist. Ich bitte hierfür um Nachsicht.

In der Einführung zu jedem Abschnitt stelle ich die Literaturzitate vor, aus denen Text- und Bildinformationen übernommen wurden. Der interessierte Leser möge sich diese Literatur besorgen.

Die folgenden Bücher dienten als allgemeine Grundlage:

Jantzen, F.: Naturdenkmale Hessens; Landbuch (Hannover 1985).

Henningsen, D.: Einführung in die Geologie der Bundesrepublik Deutschland; Enke (Stuttgart 1976).

Hohl, R. (Hrsg.): Die Entwicklungsgeschichte der Erde; W.Dausien (Hanau 1981).

Schmitt, G. E.: Geheimnisvolle Reisen in die Tiefen der Erde. Ein Bericht über Höhlenforschung. Nachr. naturw. Mus. Aschaffenburg (Museum am Freihofsplatz 1981).

Kinder, H., und W. Hilgemann: dtv-Atlas zur Weltgeschichte; dtv, München 1986, Band 1+2.

Weiterhin Broschüren und Führer folgender Städte und Gemeinden: Frankfurt, Messel, Kubach, Weilburg, Schotten, Fulda, Dillenburg, Korbach, Witzenhausen und Eschwege, für deren Unterstützung ich mich an dieser Stelle herzlich bedanken möchte.

Kartenmaterial:

Zu allen Wanderungen mit etwas schwierigerer Wegfindung werden in diesem Buch die topographischen Kartenausschnitte 1:25.000 oder 1:50.000 abgebildet. Nach diesen Kartenausschnitten kann problemlos gewandert werden.

Unerläßlich ist jedoch eine gute Übersichtskarte, die eigentlich jeder Aufofahrer im Wagen haben sollte. Ich empfehle hier „Die Generalkarte der Bundesrepublik Deutschland“ 1:200.000, erhältlich in jeder Buchhandlung oder beim ADAC. Es werden für Hessen die Kartenblätter 9, 11, 13, 16 benötigt.

Für Odenwald, Rhön, Naturpark Diemelsee und Werra-Meißner-Gebiet sind im Buchhandel spezielle Übersichts-Wanderkarten 1:50.000 erhältlich, die ich sehr empfehlen möchte. Preis pro Karte etwa DM 10,-.

Hinweise zu den wichtigsten Zeichen in den topographischen Karten:

KD = Kulturdenkmal	H = Hütte
ND = Naturdenkmal	PW = Pumpwerk
♦ = Quelle	Br = Brunnen
Wbh = Wasserbehälter	Kp = Kapelle
Ω = Höhle	Hs = Haus
AT = Aussichtsturm	Jh = Jugendherberge

2. Geologische Wanderungen

Im 1. Teil unseres Wanderbuches wollen wir uns mit Wanderungen durch die Erdgeschichte Hessens beschäftigen. Natürlich gab es das heutige Hessen im Verlauf der Erdgeschichte nicht. Es ist daher besser zu sagen, wir beschäftigen uns mit der Erdgeschichte Mitteldeutschlands, da geologische und klimatologische Vorgänge immer über einen größeren Bereich wirken.
Einleitend werden wir im Zeitraffertempo durch die letzen 60 Mio. Jahre der mitteldeutschen Erdgeschichte eilen. Im Anhang befindet sich dann eine ausführlichere Zeittafel. Es werden auch die wichtigsten Gesteine vorgestellt sowie die Minerale, aus denen sie aufgebaut sind. Die verwendeten Fachausdrücke werden erläutert.

Für den interessierten Leser empfehle ich folgende allgemeine Literatur:
Pape, H.: Leitfaden zur Gesteinsbestimmung; Enke (Stuttgart 1975).
Schumann, W.: Gesteine und Minerale; BLV (München 1982).
Clark, S. P.: Die Struktur der Erde; Enke (Stuttgart 1977).
Die Dynamik der Erde; Spektrum der Wissenschaft (Heidelberg 1983).
Die spezielle Literatur, mit der gearbeitet wurde, ist in den einzelnen Abschnitten zitiert.

2.1 Mit der Zeitmaschine durch die letzten 60 Millionen Jahre

Stellen wir uns vor, wir wären in der Lage, mit einer Zeitmaschine durch unsere Erdgeschichte zu reisen. Wie spannend so eine Reise sein könnte, möchte ich mit der folgenden kleinen Geschichte zeigen. Wir beginnen unsere Reise vor 60 Mio. Jahren im Alttertiär (vgl. Abb. 1) und reisen in die Gegenwart.
Wir schreiben das Jahr *60 Millionen* vor heute. Unsere Zeitmaschine steht in einer weiten Hügellandschaft in der Nähe vom heutigen Kassel. In der Sonne ist es über 30° warm. Es gibt bereits keine Saurier mehr, dafür aber eine Vielzahl von Säuge-

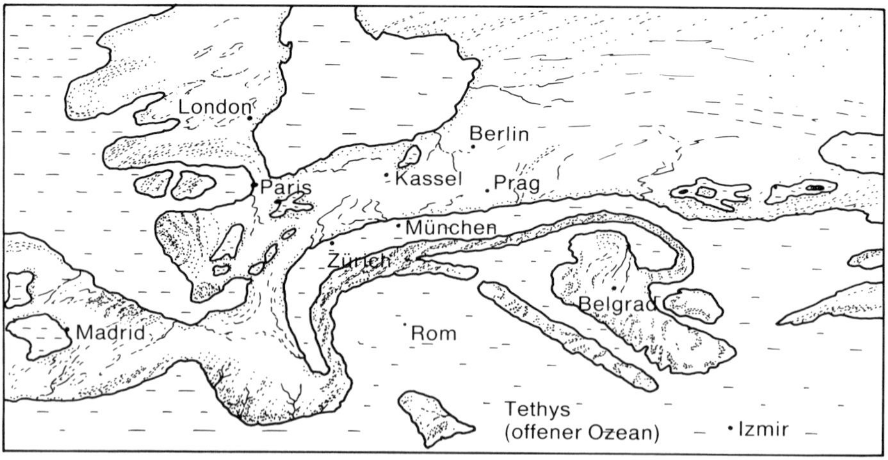

Abb. 1: Europa vor 60 Millionen Jahren (umgezeichnet nach Hohl 1981).

tieren: Affen, Nagetiere, Insektenfresser und Nashörner tummeln sich in den Urwäldern. Die ersten Elefanten laufen herum, haben allerdings zu diesem Zeitpunkt noch keinen Rüssel. Sie leben in einer paradiesischen Landschaft aus Magnolien-, Kastanien- und Eichenbäumen; daneben Mammutbäume, die 4000 Jahre alt werden. Weit im Süden (im heutigen Bayern) und im Norden (bei Köln) sehen wir ausgedehnte Moore und Sümpfe. Die deutschen Mittelgebirge sind zu diesem Zeitpunkt noch tief in der Erde versunken.

England und das Festland waren lange Zeit verbunden und werden nun von der ansteigenden Nordsee getrennt.

Paris und London liegen in einer weiten, unberührten Lagunenlandschaft. Dänemark und Norddeutschland sind aber bereits von der Nordsee überflutet. Ihre Wellen reichen dabei fast bis zum heutigen Harz herunter.

Etwas können wir von unserem kleinen Hügel aus allerdings nicht sehen: das Wachsen der großen Salzstöcke unter Norddeutschland. Das Salz ist 250 Mio. Jahre alt und liegt oft mehrere tausend Meter tief. Es beginnt ganz langsam zu großen Pilzen zusammenzufließen, drückt dabei die weichen Sedimente auseinander und steigt Millimeter für Millimeter nach oben. Die Gesteine am Meeresgrund werden dabei mehr als 500 Meter hoch aufgebeult und an anderer Stelle abgesenkt. Dadurch entsteht unter dem Meer eine weite Berg- und Tallandschaft. Die Salzpilze sind über 1000 Meter hoch geworden. Um diese Salzlager haben übrigens unsere Vorfahren 370 n. Chr. in mehreren Schlachten hart gekämpft.

Doch begeben wir uns jetzt auf unsere Reise. Die Jahreszahlen auf der Zeitmaschine beginnen zu laufen. Im Eiltempo scheint die Nordsee nun weite Teile Europas zu überfluten. Das trifft besonders für Polen zu. Nur das Gebiet zwischen Donau und Kassel bleibt trocken. Als das Zählwerk unserer Zeitmaschine das Jahr *30 Mio.* anzeigt, halten wir an.
Wir werden überrascht sein, denn Europa ist jetzt ein Inselkontinent, ähnlich wie die heutigen Philippinen oder Japan. Wie könnte unser Leben wohl ausgesehen haben, wenn wir zu dieser Zeit bereits gelebt hätten?
Wenn wir von Mitteldeutschland nach Frankreich reisen wollen, müssen wir nun einen 35 km breiten Meeresarm überqueren. Es ist das heutige Rheintal. Dieser 2500 Meter tiefe Grabenbruch hat nämlich dem Meer ermöglicht, eine Verbindung zu schaffen zwischen Nordsee und Mittelmeer. Diese Meeresstraße ist 1500 km lang und reicht von Hamburg über Kassel und Basel bis hinunter nach Marseille. Die Störungen, an denen der Rheingraben absinkt, sind 25 000 Meter tief und reichen bis in den Erdmantel hinab. Das hat zur Folge, daß Vulkane aus großer Tiefe hervorbrechen können. Das Magma steigt dabei mit 50 km/24 h an den Störungen empor und bildet z. B. den Kaiserstuhl.
Zur gleichen Zeit heben sich die Vogesen und der Schwarzwald ganz langsam empor. Sie kommen aus mehreren tausend Metern Tiefe, haben aber zu diesem Zeitpunkt die Erdoberfläche noch nicht erreicht. Wir würden sie also in unserem damaligen Leben gar nicht kennen.
Anders sieht es mit den Alpen aus. Ähnlich wie heute die japanischen Inseln, so ragen auch sie mitten aus dem Wasser heraus. Ihre Höhe beträgt nun ca. 2500 Meter. Das Meer, in dem sie gebildet wurden, heißt Tethys. Im Süden ist Italien mit Afrika verbunden, die Tethys hat noch ganz Ägypten überflutet. Alle Bergfreunde und Kletterer müßten, um in die Alpen zu kommen, jedesmal von Regensburg aus ca. 100 km weit mit der Fähre übersetzen. Der Vorteil: Sie hätten zu den einzelnen Bergen kaum noch Anmarschwege.
Und noch einen Vorteil hätte unser Leben in dieser Zeit: Es gibt keine naßkalten Winter! Das Klima ist angenehm, es wachsen sogar Palmen, Gummibäume und Bambus; der Wechsel von Regen- und Trockenzeit ergibt ein subtropisches Klima. Auf Spitzbergen wachsen Zedern und Magnolien, zum Teil sind sogar die Pole eisfrei. In den zahllosen Meeresarmen und großen Seen, die Europa durchkreuzen, leben Hechte, Lachse und Barsche, Krokodile, Schildkröten und Schlangen. Wir würden auch das Urpferd kennenlernen.
In der Nähe von Köln und am Bodensee wäre das Land für uns aber unfruchtbar. Denn dort liegen jetzt ausgedehnte Moore. Mächtige Bäume, Farne und eine Unzahl von schillernd bunten Insekten werden im Moor eingebettet und sind bis heute erhalten – als Braunkohle!
Doch gehen wir zurück in unsere Zeitmaschine. Wir wollen weiterreisen und die Ereignisse miterleben, die das heutige Deutschland geformt haben.

Während unserer Reise sehen wir im Zeitraffertempo, wie einige Katastrophen über das werdende Deutschland hereinbrechen. Die Vogelsbergvulkane brechen aus und übergießen 2500 km^2 Land mit Lava. In der Rhön, im Westerwald und in der Eifel kommt es zu Vulkaneruptionen, die ihre Aschen zum Teil weit über 100 km über das Land verstreuen. Wenn wir zu diesem Zeitpunkt bereits gelebt hätten, wären einige Landstriche für uns unbewohnbar gewesen. Ähnlich wie es heute noch auf Hawaii oder auf Island ist. Vesuv und Ätna haben bereits ihre ersten Ausbrüche hinter sich, als ich unsere Zeitmaschine langsam abbremse. Das Zählwerk bleibt diesmal auf dem Jahr *10 Mio.* stehen.

Nachdem wir unsere Maschine verlassen, spüren wir sofort, daß es merklich kälter geworden ist. Die tropischen Pflanzen sind verschwunden, das Meer ist weit zurückgewichen, Mitteleuropa, die Alpen, Frankreich und Italien sind großenteils Festland geworden.

Mit unserer Zeitmaschine, die immer noch auf dem kleinen Hügel bei Kassel steht, wollen wir nun einmal ganz langsam weiterfahren und zusehen, wie der Harz entsteht. Die Sedimentgesteine des Harzes sind ca. 400 Mio. Jahre alt, vor 320 Mio. Jahren waren sie in große Tiefen versenkt worden, umgewandelt (metamorphisiert) und gefaltet. Eine gewaltige Granitschmelze, der heutige Brocken, ist schließlich in sie eingedrungen. Dies alles ist aber für uns an der Erdoberfläche unsichtbar geblieben.

Doch jetzt können wir von unserer Zeitmaschine aus etwas Besonderes beobachten: Auf der Erdoberfläche tritt eine gewaltige Gesteinsstörung auf, die jungen Sedimente reißen auf, und der Harz wird – aus dem Untergrund kommend – wie eine große Falltüre nach oben gekippt. Er steigt über das Sediment heraus und bildet ein Gebirge. Diese Störung ist heute noch am Nordrand des Harzes zu sehen. Ähnlich wie der Harz entstehen auch Odenwald und Spessart, der Schwarzwald und die Vogesen. Die Kräfte, die sie nach oben hin abgeschert haben, kommen alle aus der Erdkruste und dem Erdmantel (etwa 10–40 km Tiefe).

Es ist immer kälter geworden auf unserem kleinen Hügel bei Kassel. Wir wollen deshalb mit unserer Zeitmaschine wieder beschleunigen, um ein letztes Mal im Jahre *10 000* vor heute anzuhalten.

Die großen Gletscher, die aus Skandinavien kommend durch die heutige Ostsee hindurch bis Norddeutschland vordrangen, waren teilweise 3000 Meter mächtig. Ganz Deutschland wäre unter dem Eis begraben worden, hätten nicht die Mittelgebirge, wie Harz oder Thüringer Wald, die Eismassen aufgehalten. Doch jetzt, im Jahre 10 000, haben sie sich bereits aufgelöst. Ihre Spuren, die sie ganz frisch zurückgelassen haben, würden für unsere Infrastruktur aber erhebliche Probleme bringen. Moränenwälle, Seen und Moore erschweren den Straßenbau. Zwischendurch eruptieren immer wieder neue Vulkane in der Eifel und sorgen für „explosive Überraschungen".

In Deutschland gibt es zu dieser Zeit kaum Wälder. Diese waren durch das Eis völ-

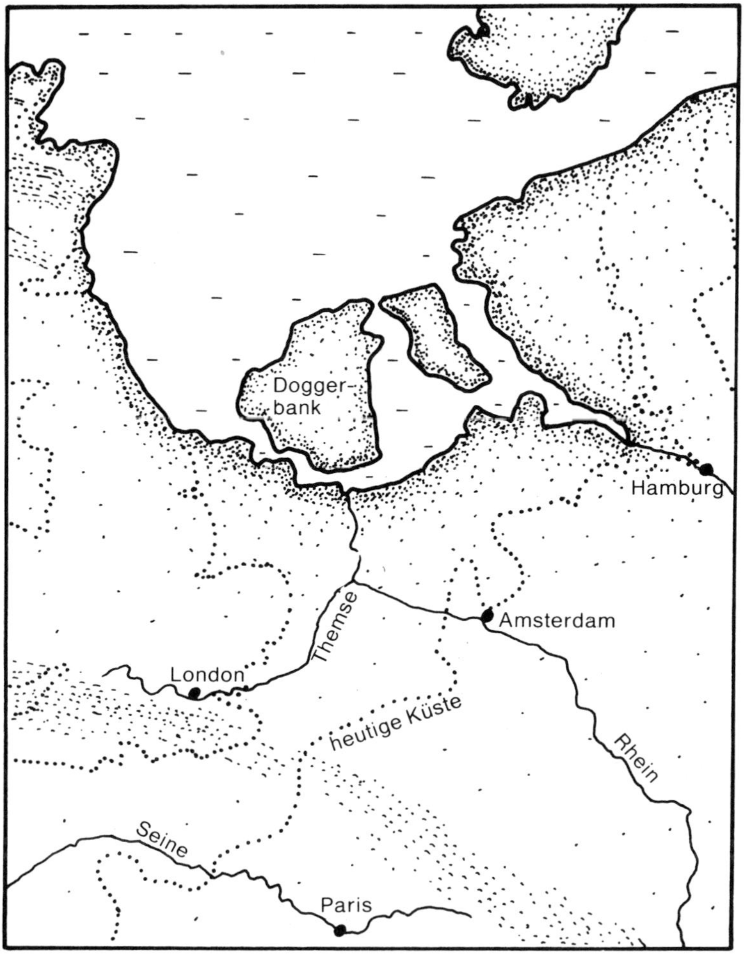

Abb. 2: England und Deutschland vor 10 000–9000 Jahren (umgezeichnet nach Hohl 1981).

lig ausgelöscht und sind jetzt erst im Wachsen begriffen. Ein Leben in dieser Zeit wäre bestimmt viel unangenehmer als heute. Immerhin könnten wir trockenen Fußes nach England gelangen. Rhein, Elbe und Weser münden in Höhe der heutigen Insel Sylt in die kleinere Nordsee. Vor der Rheinmündung liegt eine über 100 km große Ferieninsel, die Doggerbank (Abb. 2).

Die norddeutschen Inseln, wie wir sie heute kennen, entstanden erst vor 3000 Jahren, und die Buntsandsteininsel Helgoland wurde erst durch einen aufsteigenden Salzdiapir nach oben gedrückt.
Wir steigen ein letztes Mal in unsere Zeitmaschine, und während wir die letzten Jahrtausende durchreisen, merken wir, daß sich das Land um ca. 40 Meter senkt und damit die heutige norddeutsche Küstenlinie schafft.
Wenn wir jetzt auf dem kleinen Hügel bei Kassel unsere Maschine für immer verlassen, regnet es wahrscheinlich, Tiefflieger belästigen uns, und die Luft ist verpestet.
Ich denke versonnen zurück an den Anfang unserer Reise durch die Vergangenheit im Jahre 60 Millionen und an die einsame Lagune von Paris.

2.2 Der Steingarten bei Bürstadt

Im 1. Abschnitt unserer geologischen Wanderungen möchte ich 2 Steingärten vorstellen, in denen der Besucher verschiedene Gesteinsarten kennenlernen kann. Einige dieser Gesteinsarten werden wir auf unseren geologischen Exkursionen immer wieder antreffen, wir sind dann schon mit ihnen vertraut.
Bürstadt liegt zwischen Worms und Bensheim im Rheintalgraben und ist über die B 47 oder die B 44 zu erreichen. Seit 1981 besitzt es einen Steingarten im Briebelpark neben dem neuen Rathaus.
Mehr als 20 verschiedene Gesteinsarten aus dem mitteleuropäischen und skandinavischen Raum werden vorgestellt, daneben Pflanzenabdrücke aus 1100 m Tiefe, versteinertes Holz und Fossilien sowie Kristalldrusen. Viele Gesteine sind als tonnenschwere Blöcke vorhanden. Ein Schaukasten erläutert die wichtigsten geologischen Begriffe und erklärt die Entstehung der Gesteine und der Minerale.
Der Garten ist zu jeder Tageszeit offen und kostet keinen Eintritt.

2.3 Das Steinmuseum bei Kubach

Das Freilichtmuseum liegt am Eingang zur Kubacher Kristallhöhle, 2 km südöstlich von Weilburg an der Lahn.
Vertreter aller drei Gesteinsarten - Sedimente, Magmatite, Metamorphite - sind vorhanden und werden auf Tafeln erläutert. Die Gesteinsblöcke sind zum Teil mannshoch.

An magmatischen Tiefengesteinen sind vorhanden Granit-, Diorit- und Syenitblöke sowie Ganggesteine mit Erzen. An magmatischen Ergußgesteinen gibt es Diabas, Keratophyr und Basalt.
An Sedimentgesteinen sind zu sehen Sandstein, Quarzit, Grauwacke, Tonstein, Dolomit, Kalkstein, Muschelkalk.
Als Beispiele für metamorphe Gesteine sind Gneis und Marmor vorhanden.

Der Steingarten wird ständig erweitert. Auskünfte erteilt K.-H. Schröder Tel. 06471-4813 oder 4763.

Auf den kleinen, jedoch sehr anschaulichen Steingarten an der Grube Gustav (Kap. 4.4) möchte ich an dieser Stelle noch hinweisen.

2.4 Der Odenwald

Der Odenwald gehört zu den varistischen Gebirgen Mitteleuropas (Erklärung siehe Anhang). Dieses Grundgebirge, das nur an einigen Stellen so stark gehoben wurde, daß es nicht von jüngeren Gesteinen bedeckt wird, ist unter ganz Mitteleuropa vorhanden.
Die ursprünglichen Gesteine des Odenwalds sind mehr als 500 Mio. Jahre alt. Während der varistischen Gebirgsbildung kollidierten vor ca. 350 Mio. Jahren (im Devon) zwei Kontinentmassen im mitteleuropäischen Raum und falteten in der Knautschzone die varistischen Gebirge auf. Diesen Vorgang nennen wir Gebirgsbildung. Während dieser Gebirgsbildung wurden die Gesteine zum Teil bis in 15 km Tiefe vesenkt, dort metamorphisiert (durch Hitze und Druck umgewandelt) und später wieder gehoben. In die (metamorphen) Gneise und Amphibolite drangen von unten her glutflüssige Plutonite ein und wurden teilweise durch die anhaltenden Erdkrustenbewegungen noch mitverformt (siehe Neunkirchner Flasergranit, 2.4.4). Dies geschah vor etwa 320 Mio. Jahren, im Karbon.
Vor ca. 280 Mio. Jahren, am Ende der Karbonzeit, wurde das Odenwaldgebirge das erste Mal in seiner Geschichte durch Erdkrustenbewegungen so weit gehoben, daß es an der Erdoberfläche lag. Jetzt konnte die Erosion die Gesteine angreifen, es wurden aber auch feldspatreiche Sandsteine (sogenannte Arkosen) auf dem Gebirge abgelagert. Außerdem drangen quarzreiche vulkanische Laven bis zur Erdoberfläche auf und bildeten große Deckenergüsse, die man heute noch östlich von Dossenheim und Weinheim sehen kann (Wanderung 2.4.7).

Vor ca. 220 Mio. Jahren senkte sich das Land wieder, und es bildete sich eine weitläufige Beckenlandschaft aus, das sogenannte „Germanische Becken". Durch Wildbäche und Flüsse wurde der rote Buntsandstein transportiert und auf dem Grundgebirge abgelagert. Es folgten die Muschelkalkablagerungen aus einem großen Binnenmeer und darüber die Gesteine der Keuperzeit.
Als das Gebirge vor ca. 180 Mio. Jahre wieder langsam gehoben wurde, wurden mehrere 100 m der Sedimentbedeckung wegerodiert. Nur der Buntsandstein blieb teilweise erhalten und bildet heute die Oberfläche des östlichen Odenwalds. Unter dem Buntsandstein befindet sich jedoch das Grundgebirge wie wir es im Westen an der Oberfläche noch sehen können (Abb. 3).
Vor ca. 60–50 Mio. Jahren drangen Basaltvulkane an großen geologischen Störungen auf. Einer dieser jungen Basalte ist z.B. noch am Otzberg (mit Burgruine), ein anderer am Katzenbuckel erhalten. Entlang der genannten Störungen haben sich übrigens die Gersprenz und die Weschnitz teilweise ihre Flußbette gegraben.
Parallel dazu begann durch Erdkrustenbewegungen die mitteleuropäische Kruste aufzureißen, es entstanden der Rheintalgraben und die Hessische Senke. Der Rheintalgraben senkt sich heute noch mit knapp 1 Millimeter pro Jahr ab. Der Odenwald wurde relativ dazu gehoben und in seine heutige Hochlage gebracht.
Der Rheintalgraben ist Teil eines geologischen Grabenbruchs, der vom Mittelmeer bis nach Norwegen reicht; er ist hier am Rande des Odenwalds ca. 2500 m tief und mit jungen Fluß- und Meeressedimenten aufgefüllt. Noch vor etwa 20 Mio. Jahren reichte die Nordsee über die Wetterausenke bis herunter in das Rheintal.

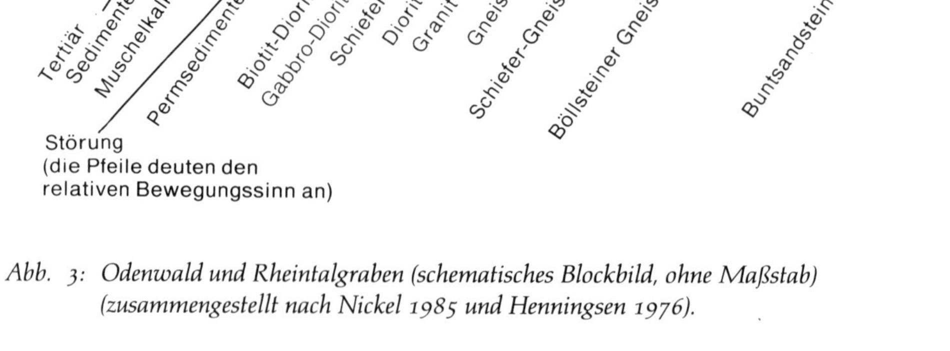

Abb. 3: Odenwald und Rheintalgraben (schematisches Blockbild, ohne Maßstab) (zusammengestellt nach Nickel 1985 und Henningsen 1976).

Die Wanderungen wurden zusammengestellt aus:
Nickel, E.: Sammlung Geologischer Führer Bd.65, Odenwald. Gebr. Borntraeger (Berlin, Stuttgart 1985).
Empfehlenswert ist die Odenwald-Wanderkarte 1:50.000, die in jeder Buchhandlung für etwa DM 10,–erhältlich ist.

2.4.1 Der Granodiorit vom Melibokus

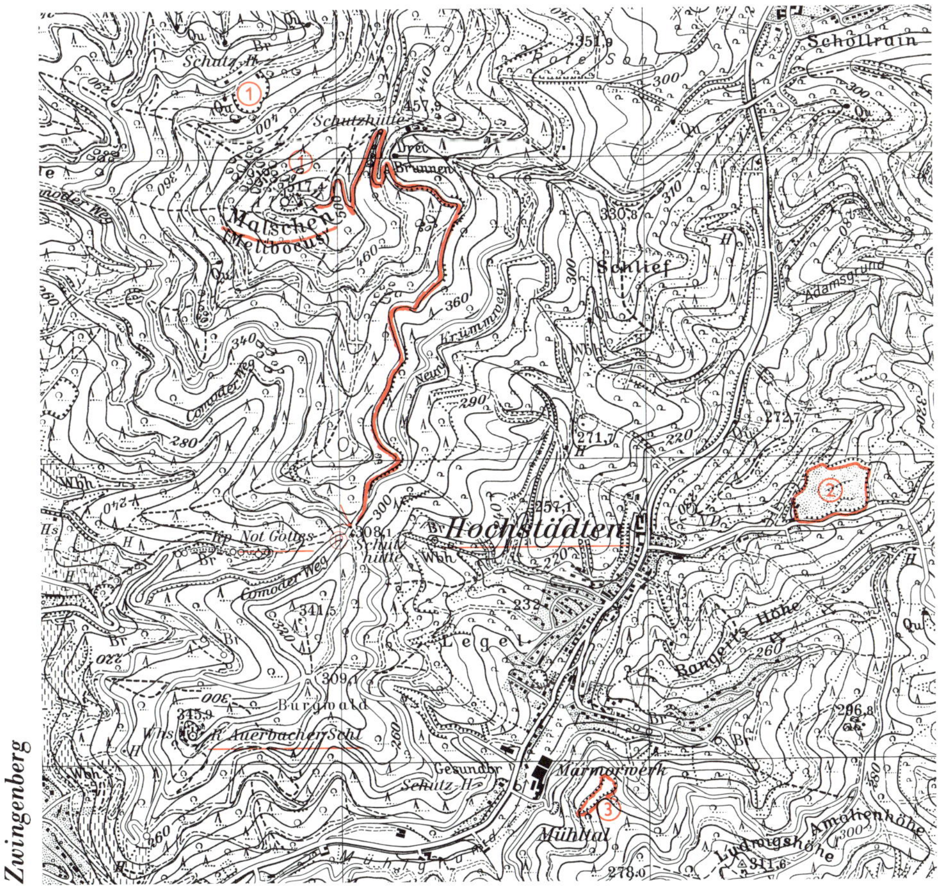

① *Granodiorit*
② *Flasergranit*
③ *Auerbacher Marmor*

1 km
Maßstab 1:25 000

Eine schöne Wanderung führt von der Burg Auerbach zum Melibokus bei Zwingenberg – es ist das jüngste Granodioritmassiv des Odenwalds.
Von dort hat man einen schönen Ausblick auf den tiefer liegenden Rheintalgraben. Man parkt am besten auf dem Parkplatz im Sattel nördlich des Auerbacher Schlosses (Parkplatz „Not Gottes").
Von dort führt eine gesperrte Asphaltstraße etwa 2,5 km bis zum Gipfel des Melibokus (auch Malschenmassiv genannt). Der Asphaltweg beginnt auf plagioklasreichen Biotitgneisen und führt uns dann durch braunrote, großkristalline Felsen. Diese braunroten Gesteine sind unmittelbar nach dem Eindringen des Melibokus-Granodiorits entstanden. Man muß sich dazu vorstellen, daß solch ein glutflüssiger Pluton langsam in die Gesteine eindringt und erstarrt. In ihm sind Gase und Wasser eingeschlossen, die erst ganz am Ende der Kristallisation frei werden und nach außen dringen. Die Elemente, die dabei mitgeschleppt werden, bilden in Klüften und Gängen grobspätige Minerale aus, sogenannte Pegmatite oder feinspätige Aplite. Und genau diese Randgesteine durchqueren wir auf unserer Wanderung zum Berggipfel. Das Schloß Auerbach ist übrigens aus diesem großkristallinen, pegmatitartigen roten Gestein erbaut worden.
Am Gipfelturm des Melibokus hat man einen Rundblick in den Rheintalgraben. Hier findet man nun den Granodiorit. Dieses Gestein ist dem Granit sehr ähnlich, es besitzt lediglich weniger Quarz und kalziumreichere Plagioklase.
Der Rückweg zum Parkplatz erfolgt über einen Waldweg, der direkt nach Süden führt.

2.4.2 Gangmineralisationen von Reichenbach

Von der Hauptstraße in Reichenbach zweigt die Hohensteiner Straße ab. Dort finden sich Hinweisschilder „Zum Hohenstein, Kletterfelsen". Man folgt mit dem Auto der Hohensteiner Straße bergauf.
Nachdem man die letzten Häuser hinter sich gelassen hat, biegt man nach etwa 300 m scharf links zum Wald ab. Dort befindet sich eine Parkbucht, 200 m unterhalb vom Hohenfels. Weiter östlich davon liegt das Gut Hohenstein.
Der Fels ist 12 m hoch und besteht aus verkieseltem (SiO_2) Baryt ($BaSO_4$) (Abb. 4). Er ist Teil einer mächtigen Gangmineralisation, die sich über Reichenbach nach Westen hin bis zum Borstein und Teufelstein fortsetzt und nach Osten bis zum Katzenstein. Polierte Gesteinsplatten davon sieht man in Gesteinsschleifereien unten im Reichenbacher Tal, direkt an der Hauptstraße.
Die Verkieselung, also das Eindringen von Quarz in die Barytgänge, geschah übrigens von unten her. D.h., daß die Barytgänge in ihren tieferliegenden Teilen stärker verquarzt sind als in ihren höher liegenden. Die Mineralisationen sind erst ge-

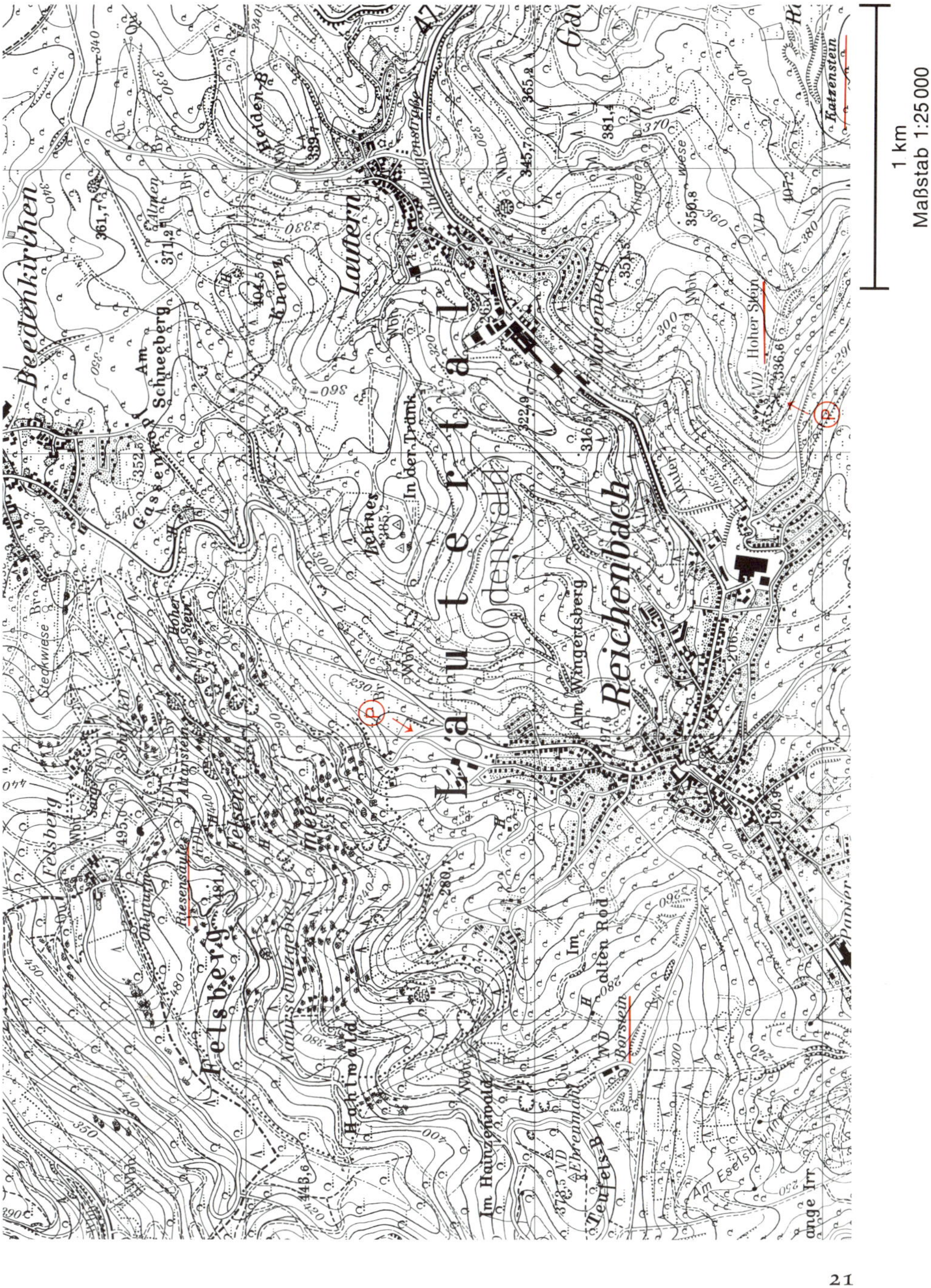
1 km
Maßstab 1:25 000
Lautertal
Reichenbach
Beedenkirchen
Lautern
Odenwald
Felsberg
Hohler Stein
Katzenstein
Borstein

Abb. 4: Der 12 m hohe verkieselte Barytfelsen Hohenstein.

gen Ende der varistischen Gebirgsbildung, also vor weniger als 300 Mio. Jahren, entstanden.
Man kann anhand der Topo zwei kleine Wanderungen unternehmen: 1. vom Hohenstein zum Katzenstein, 2. von Reichenbach zum Borstein.

2.4.3 Das Quarzdiorit-Blockmeer von Reichenbach

Nördlich von Reichenbach, an der Straße nach Beedenkirchen, befindet sich ein ausgeschilderter Parkplatz zum Felsenmeer mit einer großen Wandertafel. Von hier aus kann man durch das Blockmeer bis zum 514 m hohen Felsberg aufsteigen (Karte Seite 21).
Das Bergmassiv, wie auch das hieraus entstandene Felsenmeer, bestehen aus plutonischem Gestein, das wie die meisten Gesteine des Odenwalds über 350 Mio. Jahre alt ist und während der Gebirgsbildung glutflüssig in das Massiv eindrang. Der S-Teil des Bergs besteht aus Quarzdiorit. Quarzdiorit ist dem Granit sehr ähnlich und besteht aus den hellen Mineralen Feldspat, Quarz und Muskovit (heller Glimmer) sowie den dunklen Mineralen Biotit und Amphibol. Der Diorit besitzt, im Gegensatz zum Granit, kalziumreichere Plagioklase.

Abb. 5: Beginnende Wollsackverwitterung im Quarzdiorit vom Felsenmeer.

Am Gipfel des Felsberges findet man grünschwarzen Amphibolit. Dies ist ein metamorphes Gestein, das vorwiegend aus den Mineralen Amphibol, Plagioklas und Biotit besteht (Erläuterung siehe Anhang).

Beim Aufstieg durch das Blockmeer kann man rechts und links in den Felsen die Entstehung der großen Blöcke beobachten (Abb. 5): Die Verwitterung vieler Plutonite geschieht in konzentrischen Schalen. Dabei spielt die Wasserzirkulation im Gestein die wesentliche Rolle. Bei Frost sprengt das eingesickerte Wasser die Gesteine auf. Bei normalen Tagestemperaturen lösen die zirkulierenden Wässer Minerale aus dem Gesteinsverband und bewirken somit die Entstehung rundlicher Gesteinsblöcke. Das Fachwort für diese Verwitterungsart heißt „Wollsackverwitterung", weil die Verwitterungsrückstände, die Felsblöcke, aussehen wie gefüllte Säkke.

Der Felsberg ist ein anschauliches Beispiel dafür, wie Archäologie und Geologie verknüpft sein können.

Auf dem Gipfel des Felsbergs findet man Reste eines römischen Steinmetzplatzes (Abb. 6). Die Römer suchten sich damals, je nach Auftrag, die geeigneten Dioritblöcke aus und bearbeiteten sie mit Hammer, Eisenkeil und Schleudersäge. Sie nutzten dabei einerseits die natürliche Spaltbarkeit aus, andererseits schlugen sie

Abb. 6: Der römische Steinmetzplatz im Felsenmeer bei Reichenbach.

neue Rillen in das Gestein, um darin mit Eisenkeilen den Felsblock an der gewünschten Stelle zu spalten. Spalt- und Sägespuren kann man heute noch an den zurückgelassenen Blöcken erkennen. Nur in Oberägypten, bei Assuan, fanden Archäologen noch eine derartige Arbeitsstelle aus der Römerzeit.
Das interessanteste Werkzeug dieser Zeit war wohl die Schleudersäge. Sie bestand aus einem langen Kupferblatt, das mit der Hand über den Stein gezogen wurde. Später war das Blatt an Seilen aufgehängt und pendelte hin und her. In die Sägerille wurde ständig Wasser und Quarzsand gegeben. Der Quarzsand drückte sich dabei in das weichere Kupfer und bildete eine Art bezahnte Reibefläche.
Die bearbeiteten Felsblöcke wurden von den Römern mehrere hundert Kilometer weit zu ihren Bestimmungsorten transportiert. So findet man Gesteinsblöcke vom Felsberg heute noch am Trierer Dom. Auch Transporte über mehr als 1000 km waren keine Seltenheit. Bis in die späte Antike (etwa 400 nach Chr.) hat man wichtige Häuser mit wertvollen Steinplatten verkleidet, die von berühmten Gesteinsvorkommen (z. B. Carrara, Italien) im gesamten Mittelmeerraum stammten. Es gab zu dieser Zeit Großhändler, die ausschließlich wertvolle Gesteinsplatten aus dem Mittelmeerraum vertrieben. Bei den hiesigen Ausgrabungen finden Archäologen im-

mer wieder diese Gesteine und können somit auch die damaligen Handelsverbindungen rekonstruieren.
Folgt man am Felsberg den Wegenummern 2, 3, F, so gelangt man unwillkürlich auf einen geologisch-historischen Lehrpfad mit 16 Tafeln.

Ich möchte hierzu ein interessantes Buch empfehlen:
Fahlbusch, K., Jorns, W., Loewe, G., und Röder, J.: Der Felsberg im Odenwald. Theiss (Stuttgart, 1985). Mit Karte!

2.4.4 Waldlehrpfad und der Flasergranit von Neunkirchen

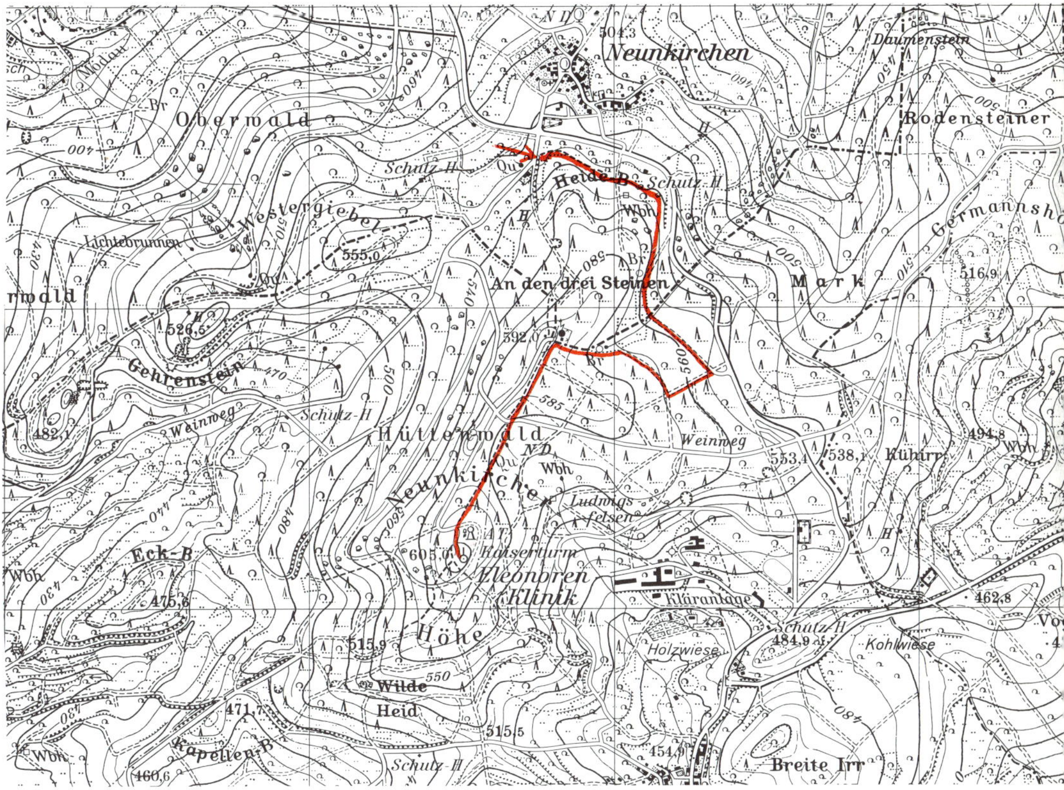

1 km
Maßstab 1:25 000

Eine interessante Wanderung führt von Neunkirchen (zwischen Reichenbach und Reichelsheim) in Richtung Heideberg (Neunkircher Höhe, 605 m) mit dem Kaiserturm.
Südlich an Neunkrichen vorbei führt eine Umgehungsstraße, die stetig ansteigt. Kaum 200 m südlich der Kirche befindet sich die Hauptanschlußstraße des Ortes an die Umgehungsstraße. Genau gegenüber dieser Anschlußstraße mündet ein kurzer, asphaltierter Sackweg, der an einem alleinstehenden Haus endet. Hier parkt man und findet das Holzschild „Waldlehrpfad".
Man wandert nun etwa 3 km den Waldlehrpfad entlang zum Kaiserturm, in dem sich auch eine kleine Gaststätte befindet. Zuerst führt der Wanderweg mehr oder weniger parallel der Umgehungsstraße nach Osten am Hang entlang. Im Abstand von 100-200 m findet man kleine Schilder mit Erläuterungen über den Wald, wie er unser Leben beeinflußt, wie er genutzt wird und welche Tiere dort leben. Dann führt der Weg steil bergauf.
Hat man die Höhe erreicht, steht man unmittelbar an einem Radarturm. Dort sofort links ab, horizontal dem Höhenrücken folgend, an der Gersprenzquelle vorbei zum Kaiserturm (Markierung: gelbe④). Dort endet der Lehrpfad. Am Kaiserturm gibt es eine Wandertafel, auf der man sich den Rückweg selbst aussuchen kann.
Entlang des Waldlehrpfades kommt man an Blöcken und Klippen des Flasergranits vorbei, der das gesamte Neunkirchener Massiv aufbaut. Dieses Gestein ist typisch für viele Odenwaldgesteine. Es ist grobkristallin und zeigt zahlreiche, große Kalifeldspatminerale, sogenannte „Blasten", die eingeregelt sind. Einerseits handelt es sich also um einen Granit, der ehemals flüssig in das Gebirge eingedrungen ist, andererseits zeigt die Einregelung der Minerale einen typischen Gneischarakter, also einen metamorphen Ursprung an. Es stellt sich also die Frage, ob es sich um ein durch Hitze und Druck umgewandeltes Gestein, also um einen Gneis handelt, oder ob es tatsächlich ein echter Granitpluton war, der als glutflüssiger Brei aus der Tiefe aufgestiegen ist.
Heute glaubt man an folgende Erklärung: Es handelt sich um einen ehemaligen glutflüssigen Granit, der gerade zu der Zeit in das Gebirge eindrang, als große Erdkrustenbewegungen (vor ca. 330 Mio. Jahren) das Gestein in Falten legten und zerscherten. Während dieser sogenannten „tektonischen Durchbewegung" des Gebirges rissen große Spalten auf, in die der flüssige Granit eindrang. Durch die andauernde Scherbewegung wurde der flüssige Granit mitbewegt. Während der Granit nun langsam erstarrte, bildete sich eine Fließregelung der Minerale aus, die wir heute noch sehen können und die dem Gestein einen gneisartigen Charakter verlieh. Im Zentrum des Plutons ist diese Einregelung der Minerale am schwächsten. Am Rande, dort, wo der Granit mit den umgebenden Schiefergneisen in Kontakt steht, ist die Einregelung am deutlichsten. Auch findet man Blöcke des Umgebungsgesteins im Granit, die er damals mitgerissen hat. Ähnliche Gesteine findet man im Steinbruch bei Hochstätten (Seite 19, Punkt 2).

2.4.5 Gabbro und Peridotit vom Frankensteinmassiv

Zu den interessantesten Gesteinen gehört das Frankensteinmassiv bei Pfungstadt (nordwestlicher Odenwald). Es besteht aus äußerst seltenem, basischem und ultrabasischem Gestein: Gabbro und Peridotit, sie sind ca. 350 Mio. Jahre alt.
Der Peridotit, der im wesentlichen aus Olivin- und Pyroxenmineralen besteht, ist die früheste Ausscheidung der ehemaligen Gesteinsschmelze, also der Bodensatz der Magmenkammer. Das übrige Massiv ist aus dunklem, massigem Gabbro (Pyroxen und Ca-reiche Plagioklase) aufgebaut. Vermutlich ist der basiche Pluton in mehreren Kilometern Tiefe bereits erstarrt. Durch sogenannte fraktionierte Kristallisation bildete sich beim Abkühlen zuerst der Peridotit (alle Minerale, die schon bei hoher Temperatur erstarren), danach der Gabbro (alle Minerale, die bei niedrigerer Temperatur erstarren). Erst viel später in der Erdgeschichte wurde das erstarrte Gestein gehoben und von der Erosion freigelegt. Es gehört heute zu den außergewöhnlichsten Gesteinen in Deutschland.
Eine Wandertafel am Parkplatz zeigt, welche Rundwanderwege (1–3 km Länge) um die Ruine Frankenstein bis nach Süden zum Magnetberg führen. Wenige Meter südlich des Magnetbergs befinden sich ca. 30 m rechts des Weges die Magnetklippen. Der Gabbro ist hier, vermutlich durch Blitzschlag, magnetisiert worden. Ein ins Gestein gehaltener Kompaß zeigt deutlich immer wieder verschiedene Richtungen an.
Folgt man vom Parkplatz der Burg Frankenstein der nach Beerbach absteigenden Straße, so findet man nach etwa 400 m einen Steinbruch, in dem ein Fernsehumsetzer steht. Diesen Steinbruch erreicht man auch, wenn man vom Magnetberg aus ca. 200 m querfeldein nach Osten den Berg hinunter geht. Man erreicht dann automatisch die Asphaltstraße nach Oberbeerbach.
In diesem Steinbruch findet man Gabbro, der durch die Hebung steil verstellt wurde. Dazwischen Peridotit, der jedoch nicht mehr in seinem natürlichen Verband mit dem Gabbro steht, sondern tektonisch – also durch Erdkrustenbewegungen – dort hinein verschuppt wurde.

2.4.6 Der Auerbacher Marmor

Zwischen Hochstädten und dem oben beschriebenen Felsberg bei Reichenbach liegt der ehemalige Tagebau des Auerbacher Marmors. Leider sind keine schönen Aufschlüsse mehr vorhanden. Nur für Interessenten ist daher der Weg dorthin lohnend (siehe topographische Karte Seite 19, Punkt 3).
Fährt man von Bensheim über Auerbach zu dem kleinen Dorf Hochstädten, so findet man 100 m vor dem Ortsschild Hochstädten rechts die Einfahrt zum „Marmo-

ritwerk" der Fa. Koch. Dort parkt man nach ca. 200 m zwischen den wenigen alten Häusern.
Gleich am Waldrand führt in einer steilen Serpentine nach links ein Waldweg empor. Man wandert nun ca. 1 km bergauf und kommt in eine auffällig gestaltete Landschaft: den ehemaligen Marmortagebau. Rechts des Weges, hinter einer verrosteten Schranke, ist der große Steinbruch noch zu sehen. Unten im Bruch sieht man den verstürzten Stollen und eine Blockhalde aus Marmor.
Früher wurden dort die metamorphen Minerale Epidot und Granat gefunden. Der Marmor ist durch Metamorphose aus ehemaligem Kalkstein entstanden.
Zum Teil trifft man noch auf die Fundamente der alten Kalköfen. In den Blockhalden und Pingen des Umkreises findet man im Marmor Kontaktzonen zu Schiefergneis und Diorit. In diesen Kontaktzonen gibt es Epidot, Granat, Wollastonit (Ca-Pyroxen) und Vesuvian (Ca, Al-Silikat mit Wasser).

2.4.7 Der Quarzporphyr am Ölberg bei Schriesheim

Vor etwa 260 Mio. Jahren drangen in das damals gehobene Grundgebirge (aus Gneis und Granit) quarzreiche vulkanische Laven ein. Sie durchschlugen die Gesteine und flossen auf der ehemaligen Landoberfläche aus. Diese sogenannten Deckenergüsse kann man heute noch östlich von Weinheim und Dossenheim/Schriesheim sehen.
Von Schriesheim fährt man mit dem Auto Richtung Wilhelmsfeld. Am Ostrand von Schriesheim biegt man an der „Nährmittelfabrik Georg Berg" nach rechts ab in Richtung Gasthof Strahlenburg. Man kommt nun auf eine schmale Straße, die etwa 2 km immer bergauf führt. Dann parkt man an der Strahlenburg.
Zu Beginn des Parkplatzes befindet sich eine Wandertafel, die den Weg zum Porphyrbruch und zur Schauenburg zeigt. Weiterhin kann man einem Waldlehrpfad folgen, der allerdings unten am Altersheim beginnt und dem Geisenbach entlangführt.
Vom Parkplatz an der Strahlenburg führt ein Weg bergauf nach Südosten zum Weinbergrand. Man kommt zu zwei Gefallenengedenksteinen, die aus Heidelberger Granit bestehen.
10 m nach den Gedenksteinen verläßt man den breiten Weg und steigt rechts über eine kleine Felsstufe aus Granit zu einem Fußpfad auf, der geradeaus den Berg hinauf führt. Nach etwa 300 m erreicht man einen Fernmeldemast, der fast unscheinbar links des Weges steht. Dann folgt ein erneuter Anstieg, man hält sich bei der Weggabel links; nun geht es auf einem stetig ansteigenden Weg bergauf. Von diesem Weg aus sieht man rechts oben bereits die Schutzhütte, die unser Ziel ist.
Von der Schutzhütte geht man auf einem Fußpfad etwa 100 m weiter bergauf, bis rechts hinter den Stahlseilen der Steinbrucheinzäunung ein Trampelweg zum auf-

gelassenen Steinbruch führt, und zwar auf eine der Abbaustufen mitten in den Steinbruch hinein. Soweit zur Wegbeschreibung.

Folgende Gesteine kann man sehen:
Am Anfang der Wanderung geht man im Heidelberger Granit, der hier nicht flaserig verformt wurde (Gedenksteine). Der zweite Anstieg, nach dem Fernmeldemast, markiert die auflagernden Vulkanite, die hier als Decke auf dem Granit liegen. Auf den Halden am Weg und am Aussichtspunkt in den Rheintalgraben sieht man verschiedene Variationen des Quarzporphyrs. Das Ziel unserer Wanderung ist der aufgelassene Steinbruch, in dem man einen imposanten Tiefblick hat (Abb. 7).
Beobachtet man die Steinbruchwände genau, so erkennt man Fließstrukturen im Quarzporphyr, die entstanden, als die flüssige Lava auf der Erdoberfläche ausfloß (Abb. 8). Der Porphyr ist ein graugrünes, dichtes Gestein, in dem man selbst mit der Lupe kaum einzelne Kristalle erkennen kann. Lediglich feine Quarze oder Feldspäte, die als besonders große Kristalle schon früh in der Lava ausgeschieden wurden, sind manchmal zu erkennen. Quarzporphyr ist zähflüssiger und „kälter“ als Basaltlava: Quarzporphyrlava hat beim Ausfluß etwa 800–900°C, Basalt hat etwa 1200°C.

Abb. 7: Blick über den Quarzporphyrsteinbruch bei Schriesheim in den Rheintalgraben.

Wenn man oberhalb des gesamten Bruchs immer den Stahlseilen entlangwandert, kommt man an den höchsten Punkt des Porphyrbruchs. Unter den Stahlseilen hindurch geht man vorsichtig bis zum Bruchrand und hat von da aus, über den steilen Grabenrand, einen imposanten Tiefblick in den Rheintalgraben. Der steile Anstieg der Berge aus der Rheinebene ist hier nichts anderes als die Störungsfläche, an der der Graben vor Millionen von Jahren eingesackt ist (Abb. 7).
Man verläßt nun den Bruch und geht über die Schutzhütte zurück zum Fernmeldemast, von hier aus wieder den kleinen Fußweg zurück, den man gekommen ist. Etwa 150 m unterhalb des Mastes biegt nach links ein Weg ab, der mit einer roten ② gekennzeichnet ist. Er führt genau oberhalb des Weinanbaugebiets entlang zur Schauenburg, die ebenfalls auf dem Quarzporphyr erbaut wurde.

Wem der Weg zu weit ist, der kann östlich von Weinheim, an der Straße Weinheim - Birkenau, das Porphyrwerk des Steinbruchs am Wachenberg (südlich der Straße) besuchen. Mit Erlaubnis des Bruchmeisters kann man in einen riesigen vulkanischen Schlot eintreten und die vertikale Fließstruktur im Quarzporphyr erkennen. In der Achse des Schlots finden sich interessante Säulenbildungen, die durch Kontraktionsvorgänge in der Lava enstanden sind. Dabei stehen die 5-6eckigen Säulen immer senkrecht auf der Fläche gleicher Temperatur.
Stellen wir uns also vor, Lava fließt auf der Erdoberfläche entlang, so kühlt sie von unten am stärksten ab. Die Flächen gleicher Abkühlungstemperatur liegen also horizontal, d.h. parallel zur Erdoberfläche, die Säulen stehen demnach senkrecht. Tritt die Lava aus einem Vulkanschlot aus, wird die Sache schon etwas komplizierter. Die eine Abkühlungsfläche ist dann die senkrechte Schlotwand. Die Säulen stehen also am Außenrand des Vulkanschlots horizontal, jedoch zur Mitte des Schlots hin biegen sie ganz langsam in die Vertikale um, da nun die Abkühlungsfläche im Schlotinneren horizontal liegt (Abb. 9).
Wenn möglich, geht man im Bruch nach rechts und auf der obersten Straße in der Steinbruchwand entlang. Dort oben sieht man Porphyrsäulen. Das ist interessant, denn diese Säulen sind normalerweise im Basalt besser ausgebildet als im zähflüssigeren Quarzporphyr. Man sieht außerdem mächtige Verfärbungszonen. Sekundäre, hydrothermale Wässer haben hier Eisen transportiert und in Zonen wieder abgeschieden.
Unmittelbar neben dem Quarzporphyr, zum Berggipfel zu, steht wieder Granit an (altes Grundgebirge). Die Wachenburg, die sich auf dem Berggipfel befindet und mit dem Auto zu erreichen ist, steht bereits wieder auf dem Granit (Aufschluß am Parkplatz). Sie ist aus rotvioletten Granit- und graugrünen Quarzporphyrsteinen erbaut.
Granit und Quarzporphyr sind übrigens chemisch sehr ähnlich. Während das Granitmagma jedoch in großer Tiefe langsam erstarrt ist (daher grobkristallin), drang anderes Magma bis zur Erdoberfläche vor, erstarrte dort schlagartig und bildete da-

Abb. 8: Fließstrukturen im Quarzporphyr; ihr Verlauf wird durch die Lage des kleinen Zweigs angezeigt.

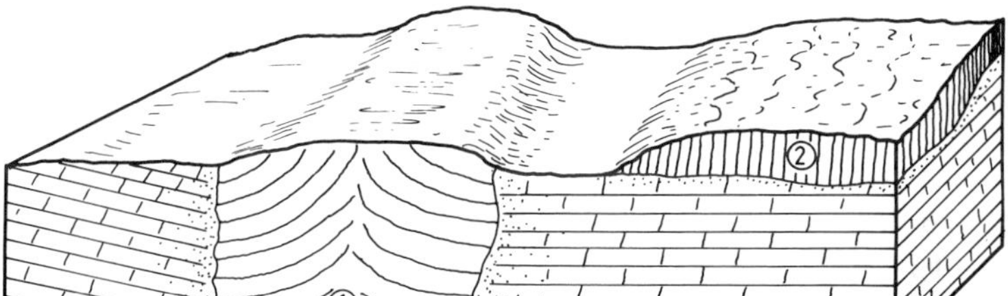

Abb. 9: Oberflächenmorphologie und Lage der Säulen im Deckenerguß ② und im Vulkanschlot ①. Das gefrittete Nebengestein ist punktiert.

her feinstkristallinen Quarzporphyr. Nur wenige Quarzkristalle sind bis zu einem Millimeter groß und daher mit dem Auge sichtbar. Der hier vorkommende Porphyr ist jedoch wesentlich jünger als der Granit.

Von Weinheim kann man zur ausgeschilderten Burgruine Windeck fahren, die auf Granit steht und auch aus diesem erbaut wurde. In den Mauern findet man auch einzelne Sandstein-, Amphibolit- (grün, dicht) und Quarzporphyrblöcke.

Von der Ruine Windeck führt eine Bergstraße weiter zur Wachenburg. In der ersten steilen Serpentine, die nach rechts geht, zweigt nach links ein verbotener Waldweg ab. Dies wäre ebenfalls ein Zugang zum Steinbruch.

2.4.8 Der Trommgranit

Der Trommgranit gehört wie der Heidelberger Granit (Wanderung 2.4.7) zu den jüngsten Intrusionen im Odenwald (etwa 320 Mio. Jahre). Er ist entlang einer großen, Nord–Süd-verlaufenden Störungszone aus der Tiefe aufgestiegen. Diese Störungszone – Otzbergzone genannt – wurde im Tertiär erneut aktiv, so daß junge Basalte (Otzberg) aufdringen konnten. In der reaktivierten Zone ist der Granit vollkommen zermahlen (= Mylonit).

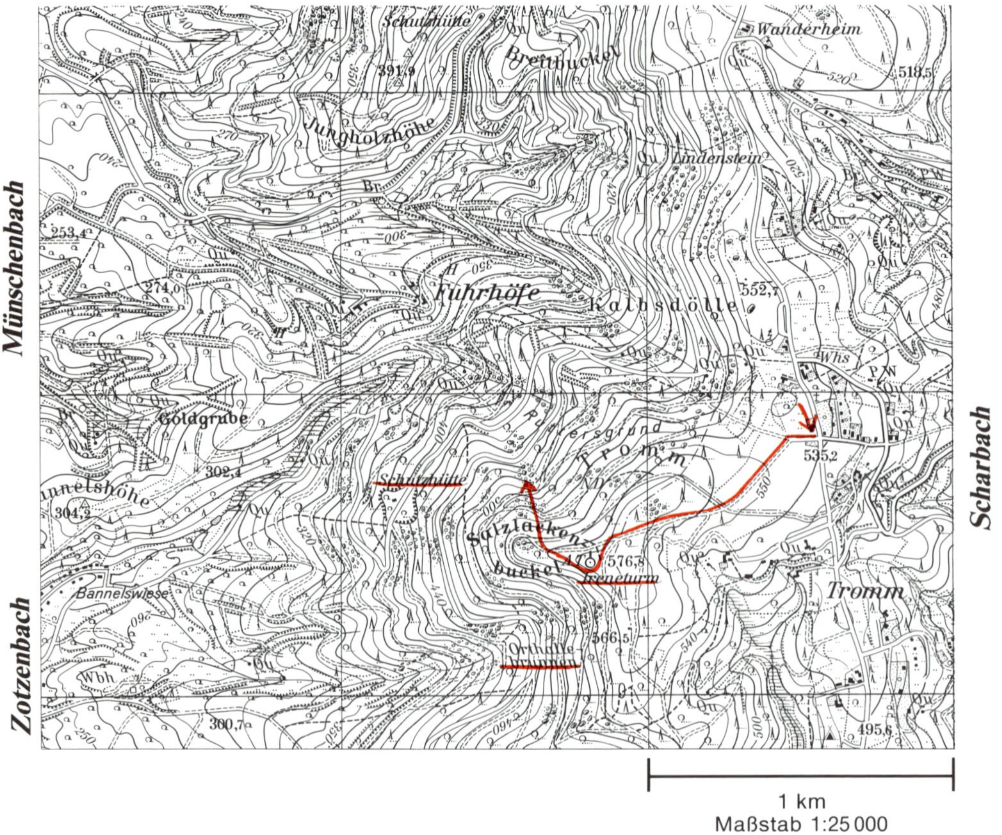

Abb. 10: Durch die Verwitterung herauspräparierte Kalifeldspate im Trommgranit.

Die Ausbildung dieses Granits ist porphyrartig, das bedeutet, daß große, bis zu 5 cm lange rötliche Kalifeldspatkristalle in einer Umgebung von wesentlich kleineren Mineralen (Quarz, Glimmer, Plagioklas) gewachsen sind.

Um das Tromm-Massiv führen zahlreiche Wanderwege, die am Aussichtsturm auf dem Tromm (580 m) ausgeschildert sind. Das Dorf Tromm liegt im Grasellenbachtal, zwischen Michelstadt und Weinheim, unmittelbar nördlich von Waldmichelbach. Von Scharbach aus führt eine Straße steil bergauf in das Dorf Tromm. Am Südrand des Dorfes befindet sich das Odenwald-Institut (Birkenhaus). Unmittelbar danach parkt man am Restaurant „Trommer Hof“ und wandert ca. 1 km nach SW zum Ireneturm (siehe Karte Seite 32).

Am Turm, der aus Granitsteinen gemauert wurde, hält man sich sofort rechts und folgt den Wegenummern 2, 9, = gelb, die uns auf einen kleinen, idyllischen Pfad führen. Gleich nach dem Turm finden wir Granitfelsen, an denen zu erkennen ist, wie die Verwitterung die großen Kalifeldspäte herauspräpariert hat (Abb. 10). Bei den kleinen glasigen Kristallen handelt es sich um Quarz, bei den schwarzen um Biotit. Mit Hilfe der topographischen Karte wandert man an dem ehemaligen Goldschurf „Goldgrube“ vorbei zurück zur Schutzhütte und zum Turm.

2.4.9 Die Grube Messel

In den nördlichen Ausläufern des Odenwalds treten verschiedene Vorkommen eines kohleähnlichen, plattigen Gesteins auf, das als Ölschiefer bezeichnet wird. Der wohl bekannteste Aufschluß ist die Grube Messel, deren Ölschiefer schon vor 100 Jahren abgebaut wurde (Abb. 11).
Der Untergrund der Grube besteht aus Granit und Diorit. Vor etwa 60 Mio. Jahren begannen diese Gesteine an einzelnen Störungen langsam abzusacken, und es bildete sich schließlich eine 1000 m lange, 700 m breite und 150 m tiefe Einsenkung aus. Parallel zur Absenkung füllte sich dieser Kessel mit Flußwasser, und sauerstoffarmer Faulschlamm sammelte sich am Grunde des Kessels an. Vor ziemlich genau 49 Mio. Jahren war der Messeler See geboren.
Die damalige Landschaft hat man aufgrund der Fosssilfunde folgendermaßen rekonstruiert: Im mitteleuropäischen Raum herrschte warmes, z. T. feuchtes Klima. Die berühmten Saurier waren „gerade eben erst" ausgestorben, und die Säugetiere, nun ihrer schlimmsten Feinde entledigt, vermehrten sich sehr rasch. Ausgedehnte Urwälder beherrschten das Land, in denen sich weitverzweigte Flußsysteme befanden. Einige dieser Flüsse mündeten in die Senke, die wir heute als Grube Messel bezeichnen, andere führten aus der Senke hinaus zur Meeresküste, die damals ungefähr beim heutigen Kassel lag. Der Grund des Messeler Sees war schlecht durchlüftet. Der niedrige Sauerstoffgehalt verminderte die Verwesung von Pflanzen und Tieren, die tot am Seegrund lagen. Durch die Flüsse wurden viele tote Tiere auch aus größerer Entfernung angeschwemmt und im See abgelagert. Weiterhin erreichten verschiedene Fischarten über die Flüsse den See, ihre Kadaver wurden ebenfalls am Grunde abgelagert und im sauerstoffarmen Faulschlamm konserviert (Abb 12).
Wie gut diese Konservierung war, kann man an den exzellent erhaltenen Messel-Fossilien sehen. So sind neben vollständigen Skeletten mit ihren Weichteilen sogar Pelzhaare, Mageninhalte und die Federn von Vögeln erhalten. Man fand neben dem berühmten Urpferdchen über 30 Säugetierarten, wie Beuteltiere, Fledermäuse, Insektenfresser, Halbaffen, Urraubtiere und Ameisenbäre. Neben den Wasserbewohnern, wie Fische, Krokodile, Schildkröten, Frösche und Schlangen, fand man auch gut erhaltene Vögel. Die neueste Entdeckung ist ein 90 cm hoher Urstrauß, dessen Verwandte heute in Südamerika leben. Verschiedene Tierarten, die man sowohl in Messel wie auch in Nordamerika fand, beweisen, daß es vor etwa 50 Mio. Jahren eine Landbrücke zwischen beiden Kontinenten gegeben haben muß, über die die Tiere wandern konnten.
Die Messeler Fledermäuse zeigen übrigens eine Besonderheit. Ihre 49 Mio. Jahre alten Skelette, die man im Schiefer fand, unterscheiden sich kaum von den heutigen Formen und lassen schon damals ein hohes Entwicklungsniveau vermuten.
Der Messeler See bestand übrigens nur 300.000 Jahre lang – eine geologisch sehr kurze Zeitspanne – und verschwand dann wieder.

Abb. 11: Grube Messel im Überblick.

Abb. 12: Geologiestudenten beim Spalten der Schiefer (ehem. Faulschlamm) auf der Suche nach Fossilien.

Die schönsten Fossilfunde sind im Senckenberg-Museum, Frankfurt, im Heimat- und Landesmuseum Darmstadt und im Heimatmuseum Messel ausgestellt. Führungen durch die Grube Messel werden vom Heimatmuseum Messel durchgeführt.
Anschrift:

Gemeinde Messel, Kohlweg 15, 6101 Messel, Tel. 06159-256

Öffnungszeiten des Museums Messel: Sa. 14-16 h, So. 10-12 h und 14-16 h; für Gruppen nach Vereinbarung.

Achtung: Das eigenständige Betreten der Grube ist polizeilich verboten.

Literatur.:

Schaal,S., und Ziegler,W.: Messel - Ein Schaufenster in die Geschichte der Erde und des Lebens; Verlag Kramer, Frankfurt 1988; Vertrieb u.a. durch Senckenberg-Museum Frankfurt, Heimatmuseum Messel.

2.4.10 Mineralisationen

Nun wollen wir uns einige interessante Mineralisationen in den metamorphen und magmatischen Gesteinen des Odenwalds ansehen. Obwohl der Bergbau im Odenwald eingestellt ist und viele Steinbrüche rekultiviert wurden, kann man mit etwas Glück oder mit Erlaubnis des Besitzers in noch offenen Steinbrüchen schöne Mineralstufen finden.
Für den Neuling, der mit den unten aufgeführten Mineralnamen wie Amphibol, Epidot oder Bleiglanz noch nichts anfangen kann, sei das Mineralienbuch von W. Schumann empfohlen (s. S. 11). In diesem Buch werden alle gängigen Gesteine und Minerale vorgestellt und ihre Entstehung erläutert.
Hier eine Auswahl der Möglichkeiten. Bei Nickel (1985) findet man weitere Hinweise auf Mineralfundstellen.

- Der Granatfels der Hohen Waid nordöstlich von Schriesheim. Es ist eine 200 x 50 m mächtige Linse von metamorpher Grauwacke, die tiefgründig verwittert ist. Man findet Granat, Quarz, Epidot und Hornblende.
- Der Auerbacher Marmor ist gut im aufgelassenen Marmoritwerk bei Roßbach zu sehen. Man findet Kalzit, Granat, Vesuvian und Epidot (Wanderung 2.4.6).
- Verkieselte und erzführende Gänge finden sich bei Reichenbach zwichen Teufelstein und Katzenstein (Wanderung 2.4.2), weiterhin bei Hohensachsen (südlich von Weinheim) im Kohlbachtal am Südhang des Roßbühlberges oder auf dem Berggrat des Hinkelsteins bei Balzenbach (östlich von Heppenheim). Man findet Bleiglanz, Zinkblende oder Fahlerze.

- Im Amphibolitsteinbruch nördlich von Mackenheim am Bahnviadukt findet man zahlreiche Mineralisationen, wie Kalzit, Pyrit, Bleiglanz und Zinkblende, Molybdän- und Wismutglanz.
- Als letztes sei der Gabbrosteinbruch nordöstlich von Niederbeerbach erwähnt, in dem man die Mineralien Prehnit, Natrolith oder Chalzedon finden kann (Wanderung 2.4.5).

2.4.11 Dünen im Rheintalgraben

Westlich von Darmstadt liegt an der B 26 Griesheim. Südlich des Ortes, an der kleinen Straße nach Pfungstadt, findet man die Dünen. Etwa 2 km südlich des Ortsausganges von Griesheim zweigt nach links von der Staße ein Feldweg ab, der geradewegs zu den Dünen führt.
Dünen sind in Deutschland nichts Ungewöhnliches, meist wurden sie jedoch durch Baumaßnahmen eingeebnet und sind daher unkenntlich. In der Rhein-Main-Ebene gibt es noch einige Dünen, die oft jedoch nur noch für den Fachmann erkenntlich sind. Auf der gut sichtbaren Griesheimer Düne wird jedem sofort die andersartige Vegetation auffallen. Das Gebiet wurde daher 1953 unter Naturschutz gestellt und mit Hölzern abgegrenzt. Eine schöne kurze Wanderung führt durch die Dünen und den anschließenden, sehr südlich wirkenden Kiefern- und Eichenwald.
Unsere Dünen entstanden in der Nacheiszeit, also vor weniger als 12.000 Jahren. Es handelt sich um Flugsande aus dem Rheintalgraben, die durch die südwestlichen Winde zusammengeweht wurden. Typisch für Dünen ist der flache, zum Wind geneigte Luv-Hang und der steile, vom Wind abgeneigte Lee-Hang.
Im Sand siedeln vorwiegend Kiefern und Eichen und der steppenartige Trockenrasen, weiterhin die gelben Nachtkerzen (blühen Juni bis September), das Haar-Pfriemengras, Steppenwolfsmilch, Sandstrohblume, Silbergras und Ackerschwarz- kümmel. Zahlreiche Vogelarten brüten in den Grasbereichen: Steinschmätzer und Rebhuhn, im Wald Waldohreule und Ringeltaube.

2.5 Das Rheinische Schiefergebirge

Das Rheinische Schiefergebirge besteht aus Kalken, Konglomeraten, Quarziten und natürlich aus Schiefergesteinen, die meist aus dem Devon stammen und somit ca. 370 Mio. Jahre alt sind (Aufschlüsse 2.5.1).

Das Rheinische Schiefergebirge gehört, wie auch Odenwald und Spessart, zum varistischen Grundgebirge. Der Unterschied zu diesen besteht jedoch im geringeren Metamorphosegrad der Schiefergesteine. Das Schiefergebirge wurde während der varistischen Gebirgsbildung weniger tief versenkt, und keine plutonischen Gesteine drangen ein. Jedenfalls sind heute an der Erdoberfläche keine Plutonite und keine hochmetamorphen Gesteine wie im Odenwald oder Spessart zu sehen. Die Gesteine des Rheinischen Schiefergebirges sind kaum oder nur leicht metamorph, sie sind im wesentlichen nur verfestigt, weiträumig gefaltet und verschiefert.
An der Wende Silur zu Devon war das Gebiet des Rheinischen Schiefergebirges über einen Zeitraum von etwa 150 Mio. Jahren ein gewaltiges Senkungsgebiet und von einem Ozean bedeckt. Durch Flüsse wurde Abtragungsmaterial der umliegenden Gebirge hereingeschwemmt, so daß sich eine mächtige Sedimentlage aus tonig-sandigen Gesteinen bildete. Gegen Osten hin (dem heutigen Gießen) war die Absenkung weniger stark. So entstanden hier nur geringmächtige, zum Teil kalkige Gesteinsfolgen.
Im Mitteldevon, also vor etwa 360 Mio. Jahren, hatte sich der tiefste Teil des Sedimentationstrogs nach Südosten verlagert. Durch bald darauf einsetzende, weit in die Erdkruste hineinreichende tektonische Störungen wurde der Meeresgrund in SW – NO-verlaufende einzelne Rücken- und Beckenzonen zerlegt. Damit konnte Magma bis zur Erdoberfläche aufdringen. Das gesamte Mitteldevon war gekennzeichnet von submarinem Vulkanismus, den wir heute im Lahn-Dill-Gebiet noch sehen können (Wanderung 2.5.3). Außerdem bildeten sich in den Rückengebieten ausgedehnte Kalkriffe aus.
Bei der anschließenden Gebirgsbildung wurden diese Gesteine so verfaltet, daß kilometerbreite Mulden und Sättel entstanden. Außerdem wurden ganze Gesteinspakete verschuppt und übereinandergeschoben. Damit fand die Entwicklung des Rheinischen Schiefergebirges ihr Ende. Von nun an war das Gebirge in erster Linie Land, d.h. Abtragungsgebiet.
Während der Triaszeit (vor 225–190 Mio. Jahren) war das Rheinische Schiefergebirge Land. Östlich davon, schon in der Hessischen Senke, war das Gebiet jedoch so stark abgesunken, daß mächtige Buntsandsteinsedimente (vor etwa 220 Mio. Jahren) abgelagert werden konnten (siehe 2.7.4). Am Ostteil der Hessischen Senke finden sich geringe Muschelkalkablagerungen, die beweisen, daß das Muschelkalkmeer (vor etwa 210 Mio. Jahren) von Süden bis hierher vorgedrungen war.
Bereits in der Keuperzeit (vor etwa 200 Mio. Jahren) hatte sich das Meer wieder so weit nach Süden zurückgezogen, daß im hessichen Raum nur noch Süßwassersedimente gefunden werden. Das Jurameer (vor 150–135 Mio. Jahren) drang ebenfalls von Süden her nur bis in den Ostteil der Hessischen Senke vor, während der Kreidezeit (vor 135–65 Mio. Jahren) war selbst die Hessische Senke wieder Land. Man fand nur spärliche Süßwasserablagerungen.
Während des Alttertiärs (vor 65–30 Mio. Jahren) senkten sich Rheintalgraben und

Hessische Senke ein und ließen so einen schmalen Meeresarm entstehen, der Süd- und Nordmeer miteinander verband. Tonige und sandige Ablagerungen, später auch Braunkohle, sind typische Sedimente aus dieser geologisch jungen Zeit.
Aufgrund der Vergitterung alter (SW–NO-verlaufender) und junger (S–N-verlaufender) geologischer Bruchstrukturen konnten im Jungtertär erneut große Basaltvulkane die Erdkruste durchdringen. So bildeten sich der Vogelsberg, die Rhön und zahlreiche kleinere Vulkanvorkommen in diesem Raum (Wanderung 2.7.4).

2.5.1 Gesteine des Rheinischen Schiefergebirges

Westlich von Wetter, in den Steinbrüchen von Oberndorf und Amönau, kann man die wichtigsten Gesteine des Schiefergebirges studieren: Ton- und Kieselschiefer, Sandsteine, Kalke, Tuffe und Diabase (Diabas = alter, vergrünter Basalt).
Die varistischen submarinen vulkanischen Basaltgesteine weisen z.T. schöne Kluftmineralisationen auf, man sieht sie in zahlreien Aufschlüssen südlich dem Städtchen Wetter bei Marburg, so im alten Tagebau „Clara" bei Buchenau-Carlshütte, im Gemeindesteinbruch Friedensdorf oder im Steinbruch „Bemberger" am Westrand von Hommertshausen.
Gesteine ganz anderer Art finden sich zwischen Marburg und Bad Berleburg. An der Abzweigung von Hatzfeld nach Lindenhof steht eine Felswand mit Alaunschiefer, in der man –mit etwas Geduld –reichlich Goniatiten- und Pflanzenfossilien finden kann; ebenso im Gemeindesteinbruch Elsoff, der nordwestlich von Hatzfeld liegt.

2.5.2 Der Taunuslehrpfad

Der Lehrpfad wurde vom Umlandverband Frankfurt eingerichtet und umfaßt 14 Tafeln. Er führt vom Römerkastell Saalburg (Bad Homburg B 456) in das Freilichtmuseum Hessenpark und wieder zur Saalburg zurück. An der Saalburg befindet sich eine Wandertafel, auf der der 6 km lange Rundwanderweg aufgezeichnet ist. Man folgt immer dem braunen Ahornblatt und wandert den Rundweg im Uhrzeigersinn - man beginnt nahe der südlichen Mauer der Saalburg.
Die Stationen umfassen folgende Schwerpunkte:

1. Einige für die Taunuslandschaft fremde Baumarten sind zu sehen.
2. In einem alten Steinbruch wird der geologische Aufbau des Taunuskamms und die Hebung des Rheinischen Schiefergebirges erläutert.
3. Ein markanter Aussichtspunkt gestattet einen Rundblick in das Usinger Bekken.
4. Wir durchqueren einen typischen Taunusmischwald.

5. Es wird erklärt, warum die Fichte die bestimmende Baumart im Hochtaunus ist.
6. Es wird erklärt, welche Bedeutung der Weidewald im Mittelalter hatte.
7. Es werden Anregungen für den Vogel- und Naturschutz gegeben.
8. Einheimische Bäume werden vorgestellt.
9. Die Buche wird ausführlich behandelt.
10. Wir sehen einen teilrestaurierten Limes-Grenzwall.

Bei Station 7 kann man vom Pfad abweichen und den Hessenpark besuchen.
Die Saalburg ist ein restauriertes Römerkastell mit einem Museum, das sehr interessante Fundstücke aus der Römerzeit zeigt. Es ist das beste Römermuseum Hessens!

Grundlage für die folgenden Wanderungen:
Weyl,R. (Hrsg.): Geologischer Führer Gießen und Umgebung; Gießen 1980.
Jantzen,F.: Naturdenkmale Hessens; Landbuch 1985.
Martin,G.P.R.: Kleine Erdgeschichte der Taunuslandschaft; Verlag des Taunusboten (Bad Homburg).

2.5.3 Submarine Vulkane und ihre Vererzungen bei Dillenburg

Wie im Anhang erläutert wird, war Mitteldeutschland im oberen Devon vor ca. 360 Mio. Jahren von einem Ozean bedeckt. Am Ozeanboden herrschte damals eine rege Vulkantätigkeit. Zeugen davon finden sich heute noch im Lahn-Dill-Gebiet. Unsere Wanderung führt uns nun durch den Schelder Wald, unmittelbar nordöstlich von Dillenburg.
Als die Vulkane im Oberdevon am Meeresgrund tätig waren, wurden auch zahlreiche Erze gebildet. Der Meeresboden bestand fast ausschließlich aus basaltischem Gestein. Vulkanische Gase und Meerwasser, die damals durch die erstarrten und hochgradig zerklüfteten Vulkangesteine zirkulierten, lösten Metalle aus dem Basalt und transportierten sie zum Meeresgrund. Dort lagerten sich Eisen-, Kupfer- und Manganerze ab, die in unserer Zeit abgebaut wurden. Heute ist der Bergbau aus wirtschaftlichen Gründen eingestellt. Zahlreiche stillgelegte Gruben sind im Schelder Wald noch zu sehen.
Einige Eisenerze wurden nach ihrer Bildung durch warme, zirkulierende Wässer verkieselt. Das bedeutet, daß gelöster Quarz (SiO_2) in diesen Erzen ausgeschieden wurde und sie verhärtet hat. Durch diese Mobilisationen wurden auch mächtige Quarzadern in den Gesteinen gebildet. Die Widerstandsfähigkeit dieser verkieselten Roteisensteine ist so hoch, daß sie der Erosion bis heute widerstehen.

Abb. 13: Die Wilhelmsteine sind verquarzte Roteisensteine.

Die interessanteste Ausbildung dieser Art sind die 30 m hohen Wilhelmsteine (Punkt 1 in der Karte Seite 42) zwischen Wallenfels und Hirzenhain (Abb. 13). Von Wallenfels führt ein Wanderweg in steilen Serpentinen bergauf zu den Wilhelmsteinen (mit Schutzhütte).
Ergänzung zu dieser Wanderung: Besuch der Tagebaue auf Diabas beim Bahnhof Hirzenhain (Punkt 2 in der Karte Seite 42). Das Hirzenhainer Vorkommen liefert einen schönen Olivindiabas. Weitere Vorkommen findet man bei Bottenhorn, Eiershausen, Wallenfels und Tringenstein.
Ein weiterer interessanter Tagebau befindet sich bei Langenaubach, südlich von Dillenburg; siehe Karte im Kapitel 3, Höhlen (Seite 102).
Wer eine längere Wanderung (Punkt 3) durch den Schelder Wald unternehmen möchte, der fährt von Dillenburg 6 km nach Oberscheld. Dort rechts ab Richtung Eisemroth. Die Straße führt etwa 3–4 km stetig bergauf. An ihrem höchsten Punkt findet man eine Kreuzung. Dort parkt man und wandert auf der nach Norden gehenden Asphaltstraße Richtung Mülldeponie (von Punkt Ⓟ aus in der Karte Seite 42). Nach etwa 100 m biegt man links ab und durchquert pfadlos den Wald. Kurze Zeit später steht man bereits am Rand einer tiefen Senke mit steilen Wänden – einem ehemaligen Eisenerztagebau (Punkt 3). Man steigt über die steilen Flanken vorsich-

Hirzenhain **Segelflugplatz**

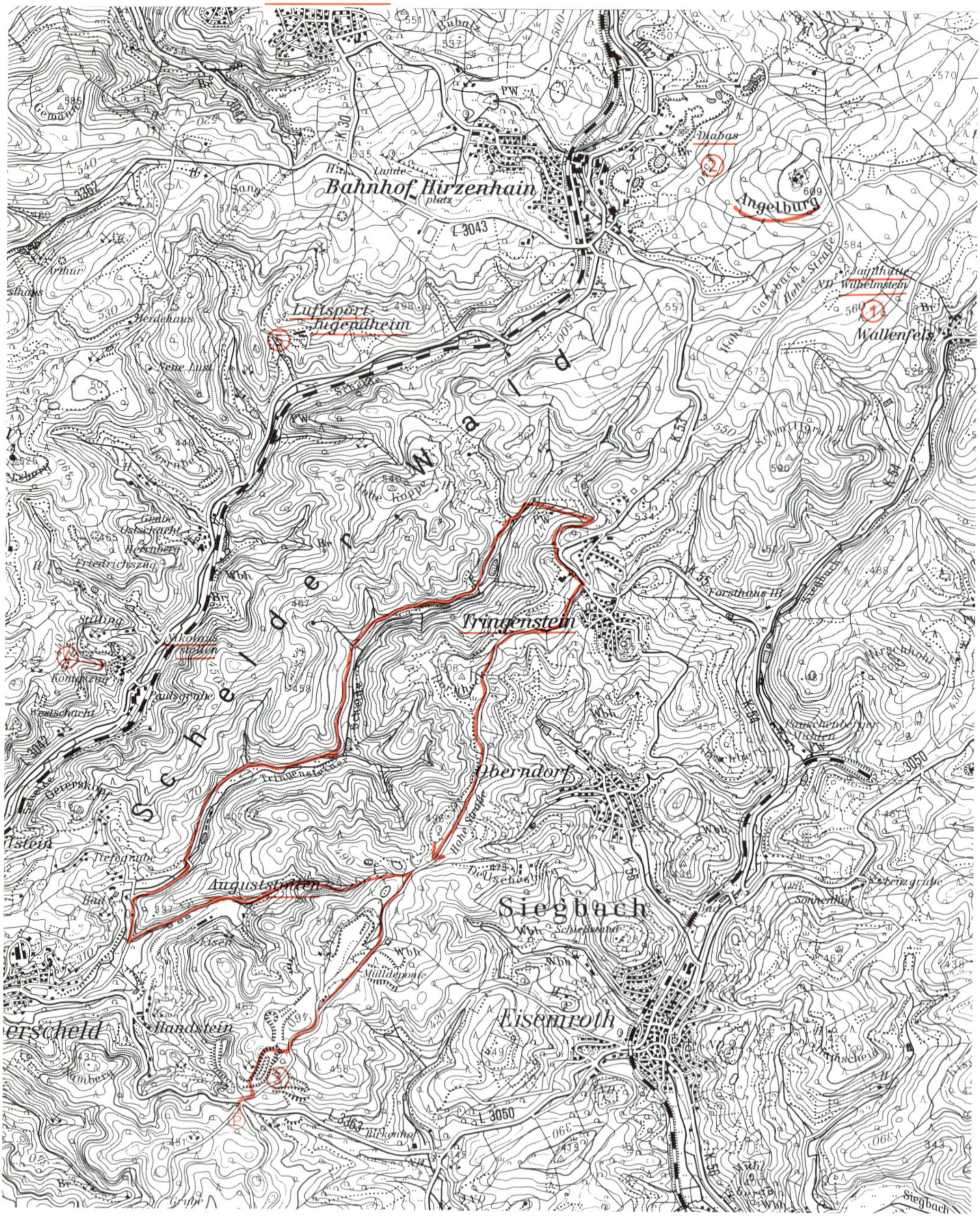

Abb. 14: Stolleneingang im Eisenerztagebau (Punkt 3 in Karte Seite 42).

Abb. 15: Eine Steinbruchwand in der Nähe von Dillenburg: Die unter Wasser erstarrte Lava zeigt kissenartige Formen.

tig ab und findet am Grund mehrere alte Stollen, in die man mit einer Taschenlampe hineinleuchten kann (Abb. 14). Die rote Farbe der Gesteine läßt sich gut zum Färben und Schminken benutzen! Bei dem Gestein handelt es sich um eisenreichen Diabas, der einst am Meeresgrund ausfloß und durch die plötzliche Wasserkühlung kissenartig erstarrt ist. Diese rundlichen, kissenförmigen Absonderungen sind allenthalben gut zu sehen. Das ist für den Geologen übrigens ein untrüglicher Hinweise auf sogenannte „submarine Vulkantätigkeit“ (Abb. 15).
Aus dem Tagebau führen steile Pfade heraus, und man kehrt zurück zur Asphaltstraße. Es geht links an der Mülldeponie vorbei, und man kommt auf einen leicht abfallenden Waldweg. Nach etwa 2 km erreicht man am tiefsten Punkt eine Kreuzung, dort links zum Waldrand, wo sich der geschlossene Auguststollen mit Erläuterungstafel befindet.
Von diesem Stollen aus geht es am rechten Waldrand noch etwa 800 m bergab und dann, kurz vor Oberscheld, nach rechts in das Tal der Tringensteiner Schelde.
Man wandert nun etwa 4 km immer talaufwärts bis zu einem Pumpwerk, dort nach rechts auf einem Pfad steil aufwärts nach Tringenstein.
Von Tringenstein auf dem Waldweg „Hohe Straße“, auf dem wir anfangs Richtung Mülldeponie gingen, wieder zurück nach Süden an der Deponie vorbei zu unserem Parkplatz. Die Wanderlänge beträgt etwa 15 km.

Abb. 16: Alte, verfallene Bergwerksanlage Nikolausstollen (Punkt 4, Seite 42).

In alten Bergwerksstollen halten sich viele Arten von Fledermäusen auf. Bitte, stören Sie diese nützlichen Tiere nicht. Ihr Bestand ist bereits stark dezimiert.
Fährt man von Oberscheld nach Norden Richtung Bahnhof Hirzenhain, so kommt man durch ein intensiv genutztes Bergbaugebiet. 3 km nördlich von Oberscheld findet man die Gaststätte „Nikolausstollen".
Man parkt an der Gaststätte und geht den dortigen Waldweg etwa 100 m bergauf, dann links ab zu der alten Bergwerksanlage (Punkt 4 auf Seite 42). Es sind mysteriös erscheinende, alte, verfallene Werkshallen, die eine besondere Ausstrahlung haben (Abb. 16). Vorsicht Einsturzgefahr!
4,5 km weiter Richtung Norden findet man die bezeichnete Abzweigung zum Luftsport-Jugendheim. Wandert man in dem dortigen Waldgebiet, so findet man ebenfalls alte Bergwerksanlagen und Stollen (Punkt 5, Karte Seite 42).
Der Schelderwaldverein hat die Wanderwege markiert. So befindet sich heute an der Vielwegekreuzung oberhalb Tringenstein ein Tisch aus Diabas. Seine Oberfläche ist poliert, und in den vertieften Wegen ist in erhabener Schrift die jeweilige Richtung zum Wanderziel angegeben.
Die Wilhelmsteine waren wohl schon in vorgeschichtlicher Zeit Kultstätten. Noch heute treffen sich die Bewohner der umliegenden Dörfer hier am Himmelfahrtstag. Früher sammelte man dann ganz bestimmte Kräuter, wie Waldmeister, Sanikel, Baldrian, Aronstab oder Arnika, die die Frauen nach Hause trugen.
Vom Segelflugplatz bei Hirzenhain kann man schöne Rundflüge unternehmen.

Auskunft: Stadt Dillenburg, Postfach 1661, 6340 Dillenburg;
Oder telefonisch durch Herrn Göbel 02771-96155.

2.5.4 Die Lahnmulde

Bei Weilburg, direkt am steilen Ufer der Lahn entlang, führt eine geologische Exkursion den Wanderer mit 17 kleinen Metalltafeln durch die Erdgeschichte des Rheinischen Schiefergebirges bzw. der sogenannten Lahnmulde. Die Metalltafeln, die an den Felswänden befestigt sind, bezeichnen lediglich den Gesteinsname. Eine Beschreibung der einzelnen Aufschlüssen wird nicht gegeben. Der ausführliche Führer ist im Senckenberg-Museum/Frankfurt oder in einer Buchhandlung erhältlich:
Rietschel,S.: Eine geologische Exkursion nach Weilburg (Lahn-Mulde I,II); Frankfurt 1966.
Leider sind darin die einzelnen Aufschlußpunkte schlecht beschrieben und nur mit Hilfe eines Stadtplans zu finden. Ein kleiner Stadtplan ist jedoch kostenlos beim Weilburger Verkehrsbüro erhältlich.

Die 1. Tafel befindet sich am östlichen Lahnufer, südlich von Weilburg, bei Straßenkilometer 1,1, kurz vor der Straßengabelung nach Odersbach (im Westen) oder Weilmünster (12 km im Osten). Wegen der ungünstigen Lage dieses Aufschlusses schlage ich vor, gleich beim Aufschluß Nr. 5 (Hausley-Felsen) zu beginnen. Dann weiter nach Norden zu Punkt 16 und 17, dann über die Brücke nach Weilburg-Innenstadt zu den Punkten 11, 12, 13, 18, 19, 20, 7. Die Punkte sind im Führer von Rietschel beschrieben.

2.6 Der Naturpark Diemelsee

Im Naturpark Diemelsee gibt es mehrere Naturlehrpfade und Besucherbergwerke, die in diesem Buch vorgestellt werden; daneben auch zahlreiche Wandermöglichkeiten zu alten Hügelgräbern, kleinen Höhlen, Quellen, Dolomitsteinbrüchen (Zechstein), alten Mühlen und Aussichtspunkten, die hier nicht alle aufgeführt werden können. Empfehlenswert ist daher die sehr informative Wanderkarte „Naturpark Diemelsee“ 1:50.000, die man in jeder Buchhandlung erstehen kann. Weitere Informationen erhält man vom:

Naturpark Diemelsee e.V., Postfach 1440, 3540 Korbach.

Für die hier beschriebenen Wanderungen genügt auch die Generalkarte 1:200.000.

Der Naturpark erstreckt sich um Korbach und den Ederstausee. Geologisch interessant ist hier die Grenze des Rheinischen Schiefergebirges zur Hessischen Senke. Diese Grenze verläuft unmittelbar westlich von Korbach am Eisenberg entlang. Während der Eisenberg (Abb. 17) noch zum Rheinischen Schiefergebirge zählt und aus über 340 Mio. Jahre alten Meeressedimenten aufgebaut ist (Schwarzschiefer, Kieselschiefer und Kieselkalk, Abb. 18), grenzt im Osten die Hessische Senke an, in der man ca. 240 Mio. Jahre alte Ablangerungen aus dem Zechstein (Konglomerate, Kupferschiefer, Dolomit) sehen kann und den ca. 220 Mio. J. alten Buntsandstein findet.
In den Steinbrüchen westlich von Korbach stehen Schiefergesteine aus der Devonzeit an, in den Steinbrüchen zwischen Brilon und Madfeld (im Nordosten) zahlreiche Riffkalke aus dem Devon.
Unmittelbar südöstlich von Brilon, Richtung Hoppecke, finden wir im Steinbruch am Bilsteinberg grüne Diabase (= alter Basalt) von untermeerischen Vulkanen aus dem Devonmeer, gleiches ist im Steinbruch 2 km nördlich von Adorf (Korbach) zu sehen (siehe Wanderkarte Diemelsee).

Abb. 17: Blick von der Hessischen Senke auf den Eisenberg (Rheinisches Schiefergebirge) bei Korbach.

Abb. 18: Über 340 Millionen Jahre alte Schwarzschiefer am Gipfel des Eisenbergs an der dortigen Burgruine.

2.6.1 Naturlehrpfad am Eisenberg

Unmittelbar südwestlich von Korbach liegt der 562 m hohe Eisenberg, dessen geologische Besonderheit bereits beschrieben wurde (Abb. 17, siehe auch Wanderung 5.4). Ein Verkehrsschild an der Kreisstraße Lengefeld – Nordenbeck weist auf den Waldparkplatz hin, von dem aus der Lehrpfad beginnt. Eine Orientierungstafel bietet dem Wanderer 3 Wege zur Auswahl, die bis zu 5 km lang sind. Kunststoff- und Holztafeln geben Einblick in Waldwirtschaft, Fauna und Flora, über Höhlenbrüter, über geologische Aufschlüsse und über den Goldbergbau, der hier einige hundert Jahre lang betrieben wurde. Der Lehrpfad führt an einem dieser alten Stollen und an einer Halde vorbei. Der Stollen ist aus Sicherheitsgründen zugemauert.
Das Goldvorkommen im Eisenberg ist von vielen Sagen umwoben:
„In uralten Zeiten lebte auf der Königsburg auf dem Eisenberg ein gewaltiger Herrscher, der so mächtig war, daß er über Wind und Wetter gebot. Seine unermeßlichen Goldschätze ruhten im Inneren des Berges und waren der Obhut seines treuesten Tieres, eines goldenen Ziegenbocks, anvertraut. Als einst mächtige Feinde in sein Reich eindrangen, zog er sich mit seinen Tieren zu seinen Goldschätzen im Inneren des Berges zurück. Die fremden Eroberer suchten vergebens, die Schätze zu heben. Nur hier und da fanden sie ein wenig Gold, welches der Ziegenbock von seinen Hörnern abstreifte, wenn er zum Berggipfel emporstieg, um die Wetter zu wehren und sie ins Tal der Diemel oder der Eder zu lenken."
Die ersten Versuche, das Gold im Eisenberg abzubauen, fanden um 1250 n. Chr. statt. 1426 bestanden 5 Gruben, die von Nürnberger Unternehmen betrieben wurden. Eine Schrift aus dem Jahr 1559 berichtet bereits von 19 Gruben und Stollen. Im Dreißigjährigen Krieg kam der Goldabbau im Eisenberg zum Erliegen. Neue Abbauversuche wurden später bis 1931 unternommen.
In der alten „Silbergrube" zwischen Lengefeld und Rhena suchen Geowissenschaftler inzwischen wieder nach Gold. In den hier vorkommenden Tonschiefern waschen die Geologen in den klassischen Pfannen die Tone aus und finden manchmal winzige Goldblättchen. Der Grund für diese Tätigkeit ist folgender:
Einige Wissenschaftler glauben, daß gelöstes Gold im Wasser transportiert werden kann. Es wird also in einem unterirdischen Bereich gelöst und an anderer Stelle in Form kleiner Kristalle aus dem Wasser wieder ausgefällt. Durch diesen Vorgang könnten sich Goldlagerstätten also immer wieder neu bilden.
Andere Wissenschaftler glauben jedoch nicht an diese gewagte Hypothese. Sie meinen, Gold könne nur unter bestimmten Bedingungen im Wasser gelöst werden. Es wird also überwiegend in Form kleinster Körner transportiert. Durch die Untersuchungen von Rhena hoffen die Wissenschaftler, Klarheit zu gewinnen.

Abb. 19: Die Vogelschutzschauwand am Anfang des Vogellehrpfades bei Lengefeld.

2.6.2 Der Vogellehrpfad

Unmittelbar westlich von Korbach, nördlich des oben beschriebenen Eisenbergs, befindet sich ein Vogellehrpfad.
Man fährt von Korbach nach Lengefeld und von hier aus weiter, nördlich am Eisenberg vorbei, nach Goldhausen. Schon am Ortsausgang von Lengefeld biegt man rechts in den Wipperteichweg ab. Man parkt und geht etwa 300 m in das hier beginnende Tälchen hinein.
Dort befindet sich ein Teich, an dem der Lehrpfad beginnt. Im Teich kann man mit etwas Glück Stockenten und Bleßhühner schwimmen sehen .
Eine Vogelschutzschauwand zeigt die wichtigsten Vogelarten (Abb. 19). Auf der anschließenden Wanderung wird auf Schutz- und Brutkästen hingewiesen, in denen seltene, zum Teil bedrohte einheimische Vogelarten nisten. Dazu gehören verschiedene Kauzarten, Eulen, Schwalben, Höhlenbrüter, Baumläufer und Fledermäuse (Säugetier!), um nur die wichtigsten zu nennen.

2.6.3 Der Waldlehrpfad bei Stryck

Unmittelbar südöstlich von Willingen liegt an der B 251 das Dorf Stryck. Am südlichen Dorfrand befindet sich ein Parkplatz, von dem aus der 2 km lange Lehrpfad beginnt.

Auf dem Lehrpfad werden verschiedene, auch seltene Baumarten vorgestellt. Man erfährt etwas über die Altersbestimmung bei Bäumen, über künstliche Nisthöhlen für Baumläufer, über die Holzkohlengewinnung in Meilern und über Wurzelteller, die 1955 bei einem Sturm vollständig herausgerissen wurden.

2.6.4 Drei kleine Naturlehrpfade,

die sich mit Fauna, Flora und Geologie beschäftigen, sollen hier nur kurz erwähnt werden. Sie sind, wie alle anderen beschriebenen Pfade, auf der Wanderkarte „Naturpark Diemelsee" verzeichnet.
Der 1. Pfad beginnt östlich von Willingen bei Usseln. Am östlichen Ortsausgang von Usseln zweigt man nach etwa 1 km links von der B 251 ab und folgt der Bahnlinie bis zu einer Schutzhütte. Hier beginnt der Lehrpfad. Er führt zunächst der Bahn entlang und endet nach etwa 4 km südlich von Eimelrod.
Der 2. Pfad beginnt ca. 5 km nordöstlich von Willingen. Man fährt durch Schwaleburg nach Rattlar. In Rattlar hält man sich links und folgt der Straße dem Wiedbach entlang zur Dommel-Mühle, am Südrand des Dommelbergs (738 m). Nahe der ehemaligen alten Mühle beginnt der etwa 3 km lange Pfad.
Der 3. Pfad ist nur kurz und beginnt am westlichen Ortsrand von Padberg, das etwa 5 km nordöstlich vom Diemelsee, südwestlich Marsberg, liegt.

Bergwerke und archäologische Denkmäler

Ein Schaubergwerk kann im Naturpark Diemelsee besucht werden. Es liegt nördlich von Korbach an der Straße von Adorf nach Padberg (Grube Christiane, Eisenerz). In Willingen (B 251) befindet sich ein Bergwerksmuseum und ein Schiefer-Schaubergwerk. Diese Bergwerke werden im Kapitel 4 näher beschrieben.
An vorgeschichtlichen Denkmälern sind zu nennen: der Ringwall Schwalenburg, nördlich von Willingen, die Burg Eisenberg bei Goldhausen (Korbach) mit dem Georg-Viktor-Aussichtsturm, die nahegelegene Burgruine Nordenbeck sowie die Klosterruine Schaaken zwischen Goddelsheim und Immighausen, ca. 10 km südlich von Korbach. Einige dieser Denkmäler werden im Kapitel 5, Archäologische Wanderungen, näher erläutert.

2.7 Der Vogelsberg

Der Vogelsberg ist das größte zusammenhängende Basaltgebirge Europas mit einem Durchmesser von 60-70 km. Seine jüngsten Lavaergüsse sind erst vor ca. 4

Mio. Jahren ausgetreten. Der Vogelsberg besteht aus heller Phonolith- und dunkler Basaltlava. Die Erosion hat allerdings große Teile der ehemaligen Lavakuppen bereits abgetragen. Während der letzten Eiszeit wurden viele Täler mit Löß verfüllt. Heute bildet der Vogelsberg die Wasserscheide zwischen Main, Fulda und Lahn.
Im Gegensatz zur Rhön, deren Vulkanismus durch gasreiche Lava gekennzeichnet ist und keine geschlossene Lavadecke gebildet hat, verlief der Lavaausstoß im Vogelsberg ruhiger. Gleichmäßig ausströmende Lavamassen bildeten im Gebiet der Hessischen Senke feste Schichten und eine geschlossene Basaltdecke. Im Vogelsberg fanden die Eruptionen an verschiedenen Schloten zu unterschiedlichen Zeiten statt (Abb. 20).

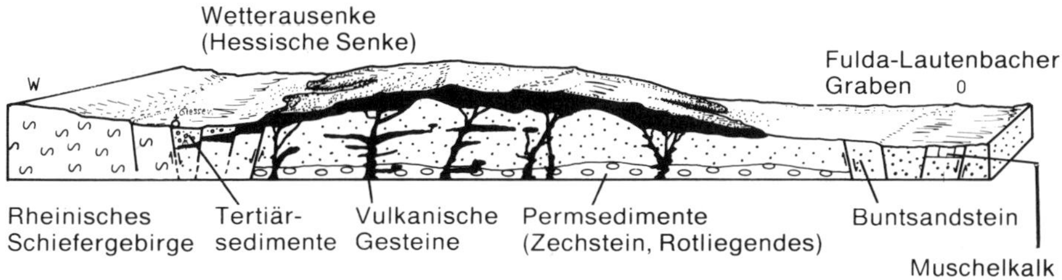

Abb. 20: Der Vogelsberg (schematisches Blockbild) ohne Maßstab (zusammengestellt nach Henningsen 1976 und Weyl 1980).

Die Basaltdecke des Vogelsbergs ist nur an wenigen Stellen mächtiger als 200 m. Die höchsten Basaltvorkommen liegen in 750 m Höhe, die niedrigsten nördlich von Frankfurt dagegen nur 70 m ü. NN.
Ursprünglich lagen die Basaltergüsse des Vogelsbergs an der Hessischen Senke und damit wesentlich niedriger als z. B. diejenigen der Rhön. Erst in der letzten Epoche des Tertiärs, vor ca. 4–7 Mio. Jahren, wurde der Vogelsberg durch Erdkrustenbewegungen gehoben. Vor etwa 2 Mio. Jahren war die Hebung so weit fortgeschritten, daß die Erosion massiv die Bergkuppen angreifen konnte und große Teile abtrug.
Steil aufragende Erosionsreste sind heute nur noch selten im Vogelsberg zu sehen. Östlich vom Hoherodskopf und nördlich von Ilbeshausen liegt der Steinkopf, 1 km westlich von Ilbeshausen, nahe Hochwaldhausen (Wanderweg 2.7.2), finden sich die Uhuklippen, die Burg und der Nonnenstein. Diese Klippen sind für den Vogelsberg allerdings nicht typisch.
Im Vogelsberg gibt es zwei Segelflugplätze, von denen man Rundflüge unternehmen kann (siehe Generalkarte).

Ausführliche Informationen erhält man im Naturschutzzentrum am Hoherodskopf oder unter folgender Anschrift:

Naturpark Hoher Vogelsberg, Hohenwiesenweg 1, 6479 Schotten,
Tel. 06044-2631 (oder 2071)

Die nun folgenden Wanderbeschreibungen sind diesen Schriften entnommen.

2.7.1 Naturpfad Sauberg

Südlich von Schotten liegt an der B 455 der Niddastausee.

Schotten

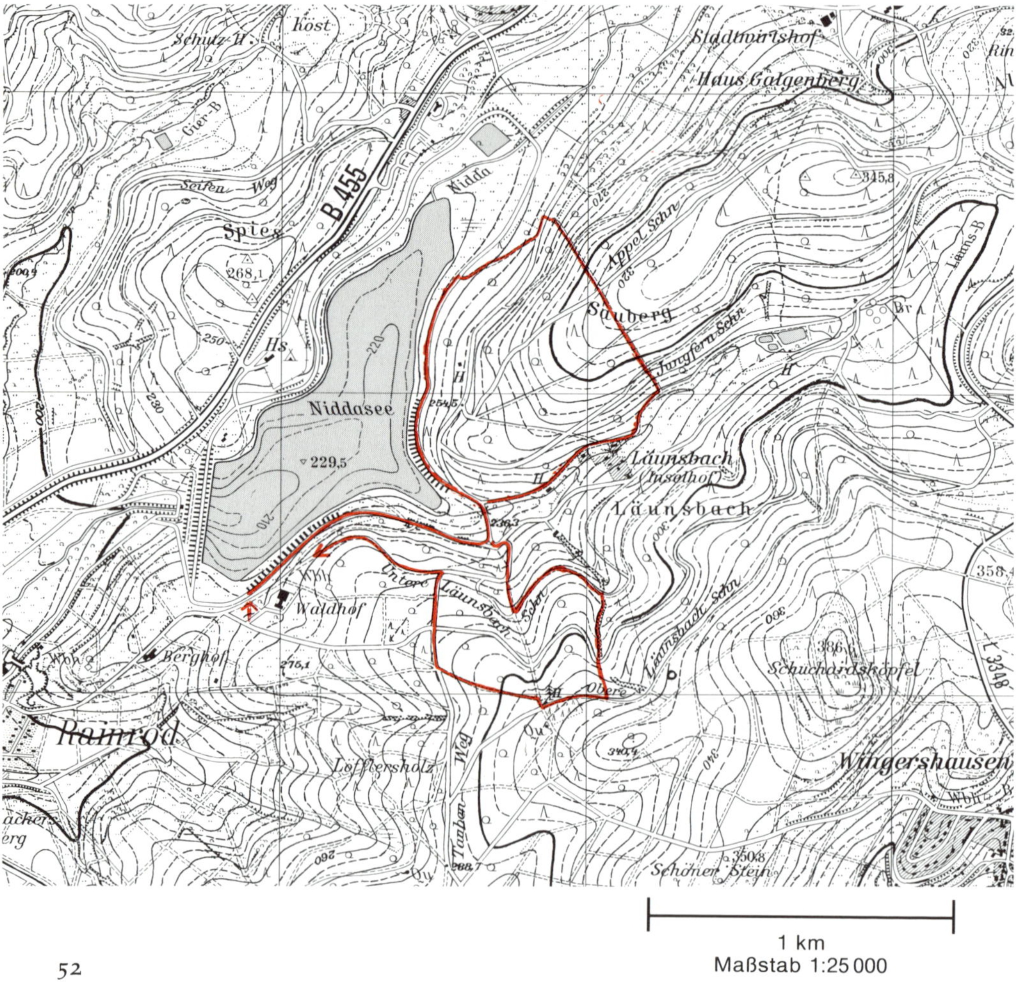

Der Naturpfad Sauberg grenzt unmittelbar an den See und kann vom Parkplatz „Waldhof“ südlich des Stausees (über Rainrod) oder vom Parkplatz „Sauberg“ am Nordende des Sees (über Schotten) aus begangen werden.
Der Pfad ist 7 km lang, man wandert etwa 3 Stunden. Auf dem Pfad lernt man etwas über die Lebensvorgänge im Wald, über die Entstehung des Waldbodens, über die Arbeit der Forstleute und vieles andere mehr. Entlang des Pfades stehen Informationstafeln mit wissenswerten Einzelheiten.
Man folgt dem Wegezeichen mit der Waldohreule.

2.7.2 Naturpfad Schwarzbach

Vom Hoherodskopf kommend, fährt man etwa 8 km nach Osten Richtung Hochwaldhausen-Ilbeshausen. Man parkt am Ortseingang von Hochwaldhausen auf einem ausgeschilderten Parkplatz. In der Straße „Am Lärchentor“ beginnt der 5 km lange Pfad, den man in etwa 1–2 Stunden durchwandern kann (Karte Seite 54).
Neben der Rarität eines vollkommen sauberen Baches (Schwarzbach) sehen Sie die eindrucksvollen Uhuklippen (Basalt, Abb. 21). Außerhalb des Pfades können Sie die Basaltklippen „Die Burg“ oder den „Nonnenstein“ erwandern. Auf Informationstafeln erfahren Sie, wie der Vogelsberg entstanden ist und welche Rolle der Wald heute spielt. Sie lesen, wie der Forstmann seinen Wald pflegt, wie Naturschutz im Wald betrieben wird und vieles mehr.
Man folgt dem Wegezeichen mit dem Feuersalamander.

2.7.3 Hoherodskopf – Geiselstein

Der zentrale Bereich des Vogelsbergs heißt Oberwald. Er bildet ein Plateau mit einer Höhe von 600–700 m ü. NN. Über dieses Plateau erheben sich eine Reihe von Bergen und Kuppen: Taufstein (773 m), Hoherodskopf (764 m), Sieben Ahorn (753 m), Geiselstein (720 m) und Nesselberg (716 m).
Der Vogelsberg bildet die Wasserscheide zwischen Main, Fulda und Lahn. Er ist Quellgebiet zahlreicher Bäche, die nach allen Richtungen die genannten größeren Flüsse erreichen.
Botaniker unterscheiden in diesem Raum verschiedene Wuchszonen, woraus hervorgeht, daß dieses Gebiet klimatisch stark differenziert ist.
Unsere Wanderung beginnt am Clubhaus des Vogelsberger Höhen-Clubs (VHC) am Parkplatz Hoherodskopf. Dort stehen Hinweistafeln, auf denen verschiedene Wandermöglichkeiten angegeben sind. Wir folgen dem mit einem grünen „H“ markierten Höhenrundwanderweg unterhalb des Clubhauses in nördlicher Richtung (Karte Seite 56).

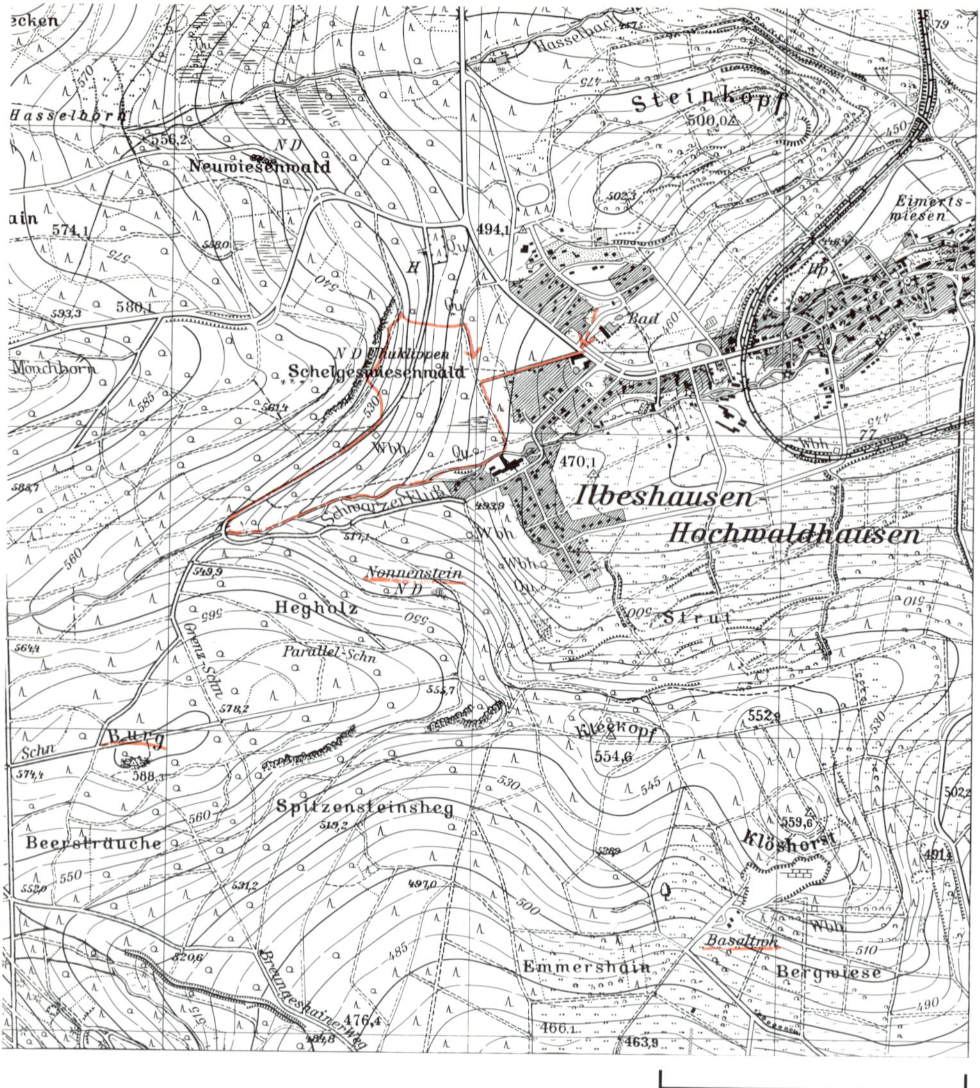

1 km
Maßstab 1:25 000

Es geht vorbei an der Taufsteinhütte und der Jugendherberge zu einem Forellenteich und zum Hochmoor. Das Hochmoor ist nach einer Radiokarbondatierung 790 v. Chr. auf wasserundurchlässigem Gestein (Lößlehm) entstanden. In der nähr-

Abb. 21: Die Basaltgesteine der Uhuklippen am Naturpfad Schwarzbach.

stoffarmen Lage gedeihen nur sehr anspruchslose Pflanzen, wie Wollgras, Moosbeere oder Moorbirke.
Über die Niddaquelle geht es zum vulkanischen Geiselstein (beide sind ausgeschildert). Hier drang einst der Basalt an einer Spalte auf und bildete daher eine langgestreckte, mauerartige Erhebung. Da der Basalt Magnetitminerale enthält, wird eine Kompaßnadel in der Nähe des Geiselsteins deutlich abgelenkt.
Wir kehren zum Taufstein zurück, der aus besonders kieselsäurearmer Lava, sogenanntem Nephelin-Leuzit-Basalt, besteht. Auf seiner Nordseite liegt eines der wenigen im Vogelsberg erhaltenen Blockmeere aus Vulkangestein. Am Taufstein befindet sich der Bismarckturm. Bei gutem Wetter gewährt er einen Rundblick in den Taunus, die Rhön oder den Thüringer Wald.

Basaltsteinbruch Oberwiddersheim

Für den interessierten Laien empfehle ich den Basaltbruch bei Oberwiddersheim, etwa 16 km südwestlich von Schotten, nördlich der B 455. Hier befindet sich ein eindrucksvoller Basalttagebau. Es handelt sich vermutlich um einen mächtigen Deckenerguß mit nahegelegenem Schlot, der durch den Steinbruch jedoch nicht

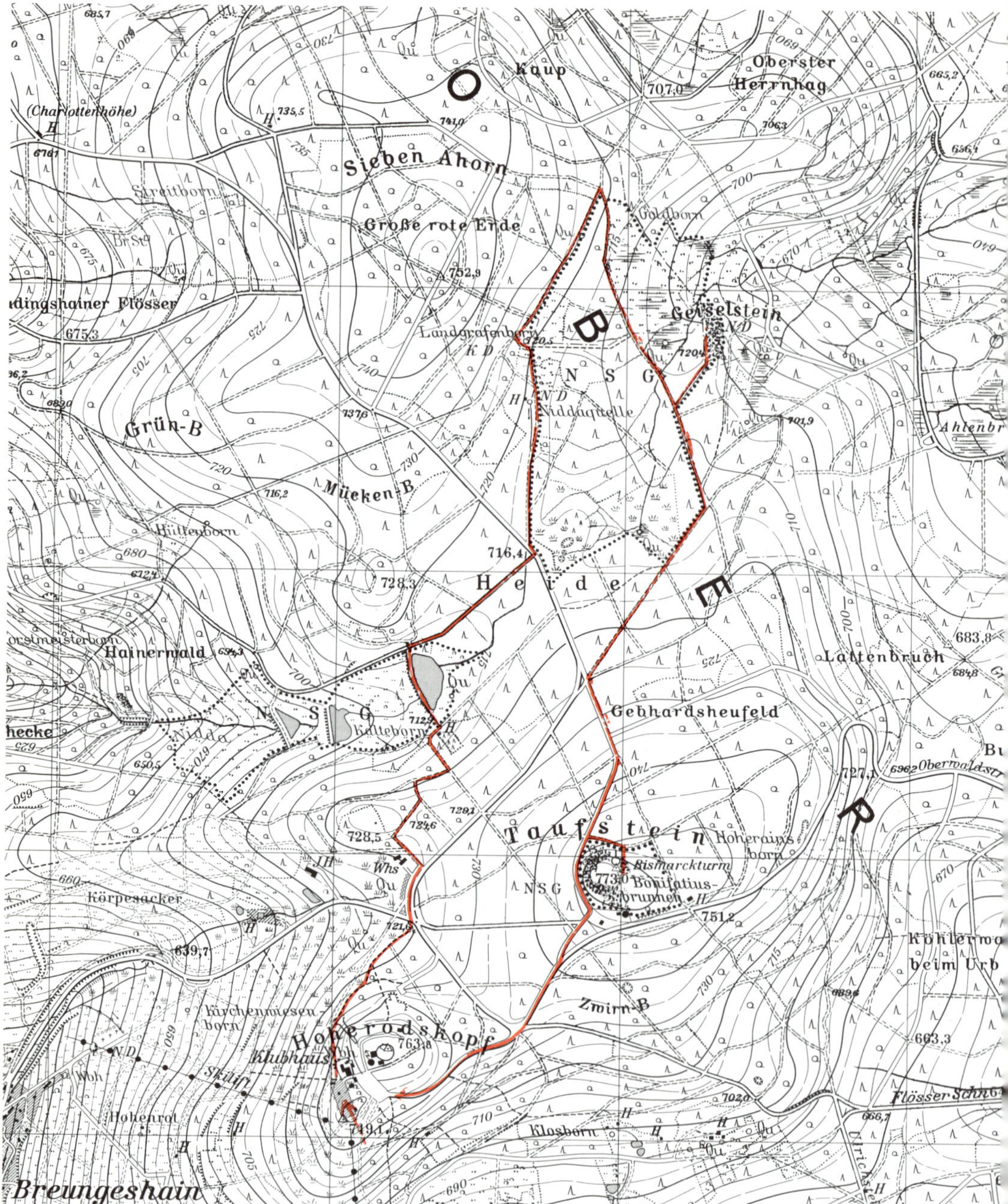

1 km
Maßstab 1:25 000

angeschnitten ist. Im tieferen Bruchteil steht dichter Basalt an. Über dem Basalt lagern weiße und rötliche Tuffe, die sich mit geringmächtigen Basaltlagen abwechseln.
Um den Bruch zu betreten, benötigt man die Erlaubnis des Bruchmeisters. Mit etwas Glück kann man im Bruchmaterial der rechten oberen Steinbruchwand (Südteil) schöne Mineralisationen finden (Abb. 22).

Abb. 22: Mineralisationen in Hohlräumen der Tuffgesteine (Steinbruch Oberwiddersheim).

2.7.4 Amöneburg

Wenige Kilometer östlich von Marburg liegt auf dem 362 m hohen Wenigenberg Amöneburg. Das gesamte Gebiet nördlich und östlich von Marburg ist mit Buntsandsteinablagerungen bedeckt. Dazwischen finden sich teilweise sandige Lockersedimente aus dem Tertiär. Amöneburg liegt jedoch auf einem Basaltkegel, der vor etwa 8 Mio. Jahren entstanden ist. Er gehört zu einer Reihe kleinerer vulkanischer Schlote, die vermutlich Ausläufer des Vogelsbergs sind und die Gesteine aus der Trias durchschlagen haben.

Bei den meisten Vulkanen dieser Art wird nur untergeordnet Basaltlava gefördert. Die vulkanische Tätigkeit beginnt häufig mit Gasexplosionen, die Asche und pyroklastisches Material fördern. Dieses pyroklastische Material ist typisch für viele Vulkane. Es sind Lavabrocken, die durch die eingeschlossenen Gase fetzenartig zerrissen und dann als glutflüssiges, poröses Lockermaterial ausgeworfen werden. Zusammen mit der Asche bilden sie tuffartige Ablagerungen. Erst nach diesem Ausstoß fließt die kompakte Basaltlava aus. In einigen hessischen Aufschlüssen läßt sich eine Wechsellagerung zwischen Lava und Tuff erkennen. Da die Tuffe jedoch leicht erodiert werden, ist meist nur noch die Lava erhalten.

In der steilen Ostwand des Wenigenberg findet man große Basaltsäulen, deren Entstehung bereits weiter oben erläutert wurde. Vermutlich kam der Basalt aus 40–50 km Tiefe. Er hat normalerweise eine Schmelztemperatur von 1500 °C. Ist nur 1 % Wasser im Basalt enthalten, so wird dadurch die Schmelztemperatur auf 1100 °C reduziert.

Der markante Berg war schon in der Jungsteinzeit besiedelt. Später soll dort auch eine keltische Siedlung gestanden haben. Bonifatius gründete im Jahr 721 die erste hessische Klosterzelle auf dem Berg.

Von einem nahegelegenen Segelflugplatz aus kann man Rundflüge unternehmen.

2.8 Die Rhön

Das Gebiet der Rhön liegt nahe dem Zentrum des ehemaligen Germanischen Triasbeckens, in dem der Buntsandstein, der Muschelkalk und die Keupergesteine abgelagert wurden.
Die Sand-, Kalk- und Tongesteine dieser Epoche bilden den älteren Sockel des Rhöngebiets (Abb. 23). In der Jura- und Kreidezeit war das Gebiet erst Festland und dann Abtragungsgebiet. Daher wurden in der Rhön keine Sedimente abgelagert.

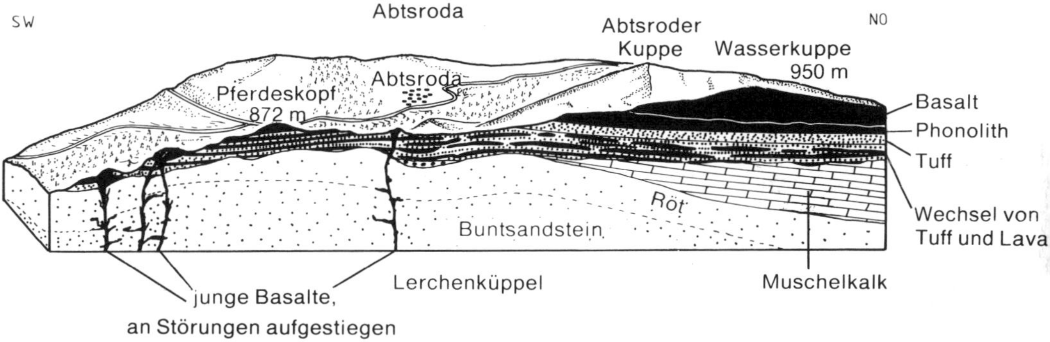

Abb. 23: Wasserkuppe und Pferdeskopf, Rhön (schematisches Profil, ohne Maßstab) (zusammengestellt nach Laemmlen 1987 und Rutte + Wildzewski 1983).

Erst vor etwa 11–18 Mio. Jahren, im jüngeren Tertiär, wurden aus zahlreichen Spalten und Kratern vulkanische Aschen, Basalt- und Phonolitlaven (vgl. 5.6) gefördert. Dabei dienten bereits vorhandene, tiefreichende Gesteinsstörungen (Verwerfungen) als Förderkanäle. Die vulkanischen Förderprodukte breiteten sich in der hohen Rhön als Decke über die damalige Landoberfläche aus, in den Randgebieten findet man häufig nur Schlote oder Quellkuppen (vgl. Abb. 9 in 2.4.7 und Abb. 24).
Der Antrieb für den Magmenausstoß sind die im Magma enthaltenen leichtflüchtigen Bestandteile Wasserdampf und Kohlendioxid, daneben finden sich auch Spurengase, wie Schwefelwasserstoff, Stickstoff, Ammoniak, Chlorwasserstoff usw.
Der Fördervorgang läuft wie folgt ab:
In der z. T. mehrere Kilometer tief liegenden Magmenkammer sammelt sich flüssiges Magma und kristallisiert langsam aus. Am Boden einer Magmenkammer scheiden sich immer zuerst die hochschmelzenden Minerale aus (Olivin, Spinell). Der

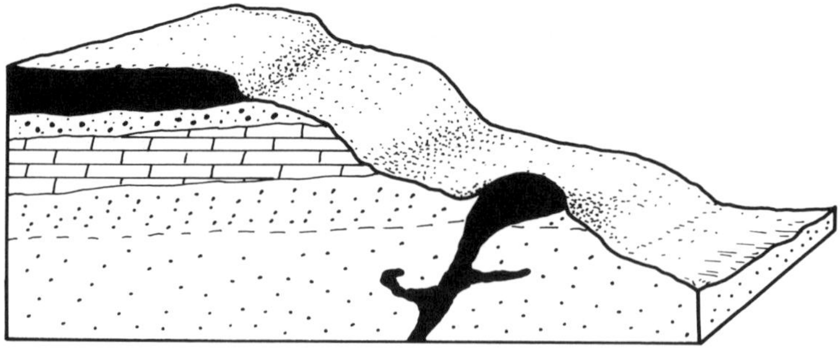

Abb. 24: Die Morphologie (Oberflächenform) einer Landschaft hängt entscheidend von der Härte der anstehenden Gesteine ab. Harte Gesteine führen daher zu Geländestufen, weichere Gesteine zu Geländeverflachungen (Umgezeichnet nach Laemmlen 1987).

flüssige Rest der Schmelze wird nach oben gedrückt. Inzwischen ist der Druck der eingeschlossenen Gase stetig angestiegen. Sobald dieser innere Gasdruck höher ist als der allseitige Gesteinsdruck, der auf der Magmenkammer lastet, suchen sich die Gase die schwächste Stelle im Gestein und reißen einen Kanal nach oben auf. Dabei wird auch Magma mitgerissen und in Form unzählinger Flüssigkeitströpfchen ausgeschleudert: Tuffe, Aschen und sogenannte Pyroklastika (gasreiche Lavafetzen) entstehen. Jetzt ist verständlich, warum ein Vulkan zuerst gasreiche pyroklastische Tuffe und Aschen fördert und erst später flüssige Lava. Diese kann nämlich erst nach dem Aufreißen einer Spalte durch die nun eintretende Druckenlastung im Vulkanschlot aufsteigen. Dabei werden abermals Gase aus der Lava frei, die durch Expansion den flüssigen Brei nach oben katapultieren.
Die Rhön besteht aus zahlreichen Vulkanen, die im Laufe ihrer kurzen Tätigkeit immer wieder Tuffe und Laven im Wechsel gefördert haben. Die Tuffe wurden leicht erodiert, die Lava war so hart, daß sie als Kuppe (oder Steilanstieg) stehen geblieben ist. Sie hat dann auch das darunterliegende Gestein vor der Erosion geschützt (Abb. 24).
Manchmal findet man faustgroße Einschlüsse im Basalt. Dies können Bruchstücke aus dem oberen Erdmantel sein. Es sind sogenannte Olivinknollen, die das flüssige Magma mitgerissen hat. Diese Knollen bestehen aus Peridotit, der den oberen Erdmantel bildet und sich aus Olivin-, Pyroxen- und Spinellmineralen zusammensetzt. Wer mit aufmerksamen Augen die Basaltgesteine beobachtet, kann immer wieder solche grünlichen Olivinknollen finden.
Die Abb. 23 zeigt die ehemalige Landoberfläche im Trias mit den eingedrungenen oder auflagernden jüngeren Basalten.
Vom Segelflugplatz an der Wasserkuppe kann man Rundflüge unternehmen. Empfehlenswert ist auch die topographische Wanderkarte 1:50.000 der Rhön, die in jeder Buchhandlung zu haben ist.

2.8.1 Der geologische Wanderpfad an der Wasserkuppe

Oberhalb Abtsroda, am dortigen Parkplatz, beginnt der geologische Wanderpfad mit einer Gesamtlänge von etwa 10 km. Am Parkplatz befindet sich die 1. Erläuterungstafel, die den genauen Verlauf des Lehrpfads und den geologischen Aufbau zeigt. Die Wegfindung ist unproblematisch, oft sieht man die nächste Tafel schon von weitem. Der Pfad führt zunächst ein längeres Stück steil bergauf bis zu einer Quelle in 736 m ü. NN.

Dort zuerst scharf rechts und dann wieder bergauf zum Sattel zwischen Wasserkuppe und Pferdskopf. An dem 4 m hohen auffälligen Vulkanschlot des Lerchenküppels vorbei geht es direkt über den Pferdskopf hinab zum Guckaisee. Von dort wendet sich der Weg nach Osten durch den kleinen Talkessel und wieder den Berg hinauf, zurück zum Lerchenküppel. Von dort über den Westhang der Wasserkuppe zurück nach Abtsroda.

Auf 48 Tafeln werden Erläuterung zu folgenden Schwerpunkten gegeben (ohne Reihenfolge):

- Entstehung der Rhönlandschaft
- Erdkrustenbewegungen in der Rhön
- Triasgesteine
- Tierarten des Muschelkalkmeers
- Quellen und Grundwasser
- Bodenarten und Forstwirtschaft
- Niederschläge und Klima
- Entstehung und Zusammensetzung von Basalt und Phonolith
- Besiedlung der Wasserkuppe im hohen Mittelalter
- Bergbautätigkeit
- Chemische und mechanische Verwitterung
- Bergrutsche und Blockmeere
- Braunkohleentstehung und junge Triassedimente
- Eiszeitliche Einflüsse

Allein dieser Lehrpfad handelt bereits die wichtigsten Gesteine ab, die wir in Hessen finden können. Ausnahme hierzu bilden lediglich die Plutonite und Metamorphite des Odenwalds und die Karstgesteine am Hohen Meißner.

Der ausführliche Führer für diese Wanderung ist für DM 4,50 in jeder Buchhandlung, aber auch direkt an der Wasserkuppe im Fliegermuseum zu haben: M. Laemmlen: Der geologische Wanderpfad an der Wasserkuppe; Verlag Parzeller & Co. (Fulda 1987).

2.8.2 Zwei Naturlehrpfade - bei Hilders und bei Abtsroda

Nördlich von Hilders befindet sich an der B 278 der Naturlehrpfad Auersberg. Auf künstlerisch gearbeiteten Tafeln werden hier der Wald, seine Nutzung, seine Bäume und Tiere sowie das Leben früherer Generationen in diesem Land geschildert.
Westlich der Wasserkuppe, beim Weiler Tränkhof (Gemarkung Abstroda), befindet sich der Waldlehrpfad Schwarzenhauk. Seine Tafeln geben waldbauliche Erläuterungen und behandeln Bäume und Sträucher.
Der prähistorische Lehrpfad an der Milseburg wird im Abschnitt 5.6 dieses Wanderbuchs behandelt.

2.8.3 Wanderungen zwischen Bischofsheim und Schwarzem Moor

Im Folgenden werden 5 geologisch interessante Aufschlüsse beschrieben, die alle innerhalb eines Gebiets von ca. 10 km Länge liegen. Mittels der topographischen Karten (Seite 64 und 66) und je nach Wanderleistung kann sich jeder selbst eine Route zusammenstellen und die Aufschlüsse einzeln oder in Form einer langen Wanderung aufsuchen.

Basaltsteinbruch Bauersberg (Abb. 25, Punkt 1 auf der Karte Seite 64)

Südöstlich von Gersfeld liegt an der B 279 Bischofsheim in der Rhön. Nördlich von Bischofsheim zweigt von der B 279 eine kleine Straße Richtung Bauersberg ab (Hochrhönstraße). Etwa 1,8 km nördlich der Abzweigung macht die Straße einen scharfen Linksbogen. Hier befindet sich rechts im Gelände der Basaltbruch am Bauersberg (beim Betreten Bruchmeister fragen).
Es wird ein Schlot aus Nephelinbasalt abgebaut. Man erkennt Basaltsäulen und darin Einschlüsse von Gesteinen des Grundgebirges. Diese Gesteine wurden beim Aufstieg des Magmas aus der Umgebung des Vulkanschlots mitgerissen und stekken nun im Basalt. Über dem Basalt liegen rötliche Tuffe, die man in der oberen Steinbruchwand sehen kann.
Die Lava dieses Vulkans ist einst wohl Richtung Osten (Weisbach) geflossen, denn man findet sie auch beim geologischen Lehrpfad, der im Folgenden beschrieben wird. Unter dem Basalt lagern tertiäre Sedimente, die z.T. Braunkohle führen und daher Braunkohletertiär genannt werden.

Abb. 25:
Gebogene Basaltsäulen im Vulkanschlot am Bauersberg.

Geologischer Lehrpfad am Bauersberg (Punkt 2 Karte Seite 64)

Wie oben beschrieben, fahren wir von Bischofsheim auf der Hochrhönstraße ca. 2 km nach Norden. An der Straße befindet sich ein Hinweisschild mit der Aufschrift „Naturkundlicher Wanderpfad“. Man folgt dem Hinweisschild und erreicht nach wenigen hundert Metern einen kleinen Parkplatz am Waldrand. Hier beginnt der Lehrpfad, der mit zahlreichen Tafeln ausgestattet ist.

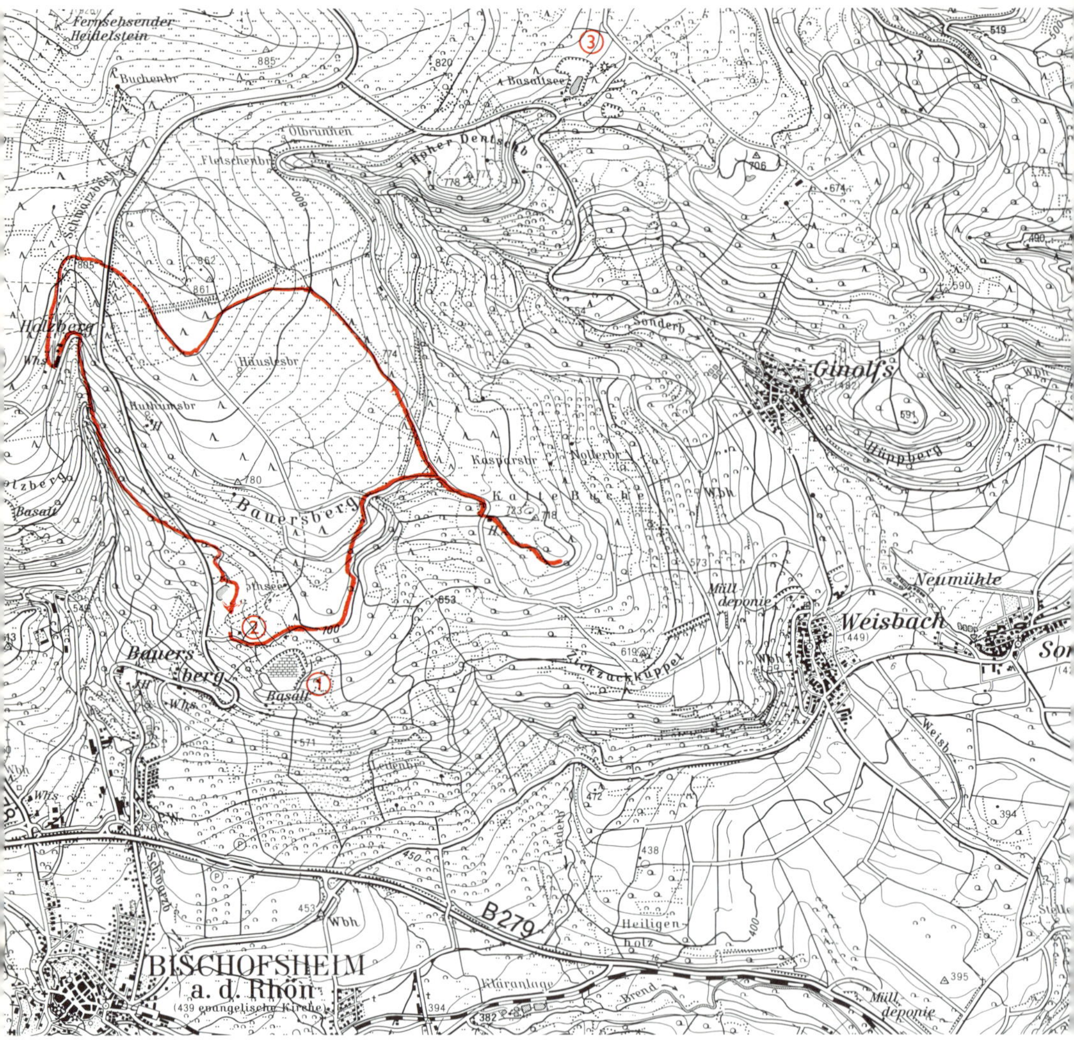

1 km
Maßstab 1:25 000

Auf der Wanderung folgt man immer den kleinen Wegweisern mit der Aufschrift „Naturkundlicher Lehrpfad". Man sieht u.a. anstehende Braunkohle sowie Basaltlava, weiterhin alte Bergwerksanlagen und Pingen.
Die Wanderung endet an dem idyllisch gelegenen Rothsee, nahe unserem Parkplatz.
Der Verlauf des Pfades ist auf der hier abgebildeten topographischen Karte zu sehen. Am Parkplatz befindet sich außerdem eine genaue Wandertafel. Die Wanderstrecke beträgt etwa 12 km, über die ausgeschilderten Wanderwege 1, 2, 3 kann man jedoch abkürzen.
Bis hinauf zum Heidelstein (928 m) bleibt die vorliegende geologische Situation unverändert: Horizontal liegende Basaltergüsse wechseln mit braunkohleführenden Tertiärgesteinen. Basalt und Braunkohle sind um 30 Mio. Jahre alt. Die Basaltlagen sind zwischen 5 und 30 m mächtig. Durch die Verwitterung der Aschen und Tuffe entstanden Tonsedimente, die u. a. den wasserstauenden Untergrund zum Roten und Schwarzen Moor gebildet haben.

Steinernes Haus (Punkt 3 Karte Seite 64)

Nur 2,5 km nordöstlich des oben beschriebenen Lehrpfads, nahe dem Hohen Dentschberg (778 m), befindet sich das Steinerne Haus, das von der Hochrhönstraße aus auch beschildert ist.
Es handelt sich um ein ehemaliges Steinbruchgelände, in dem man die säulige Basaltabsonderung sehr gut erkennen kann. Heute befindet sich im Steinbruch ein See mit Grillplatz.
Eine Wandertafel informiert über zahlreiche Wandermöglichkeiten, es gibt jedoch keinen Lehrpfad.

Naturlehrpfad Gangolfsberg (Punkt 4 Karte Seite 66)

Vom Steinernen Haus wandert man etwa 3,2 km nach Nordosten zum 737 m hohen Gangolfsberg. Fährt man mit dem Wagen, kommt man am besten über die Hochrhönstraße und zweigt Richtung Thüringer Hütte und Urspringen ab. Östlich der Thüringer Hütte steht eine ausgeschilderte Abzweigung Richtung „Schweinfurter Haus" und „Naturlehrpfad".
Am Schweinfurter Haus befindet sich eine große Wandertafel. Von hier aus führt ein allgemein-naturkundlicher Lehrpfad zur Ruine am Gangolfsberg. Der Lehrpfad ist ausgeschildert und etwa 3 km lang.
Wer Interesse hat, kann nach der hier abgebildeten topographischen Karte über die faszinierende Rhönhochfläche wandern. Es gibt zahlreiche markierte Wanderwege.

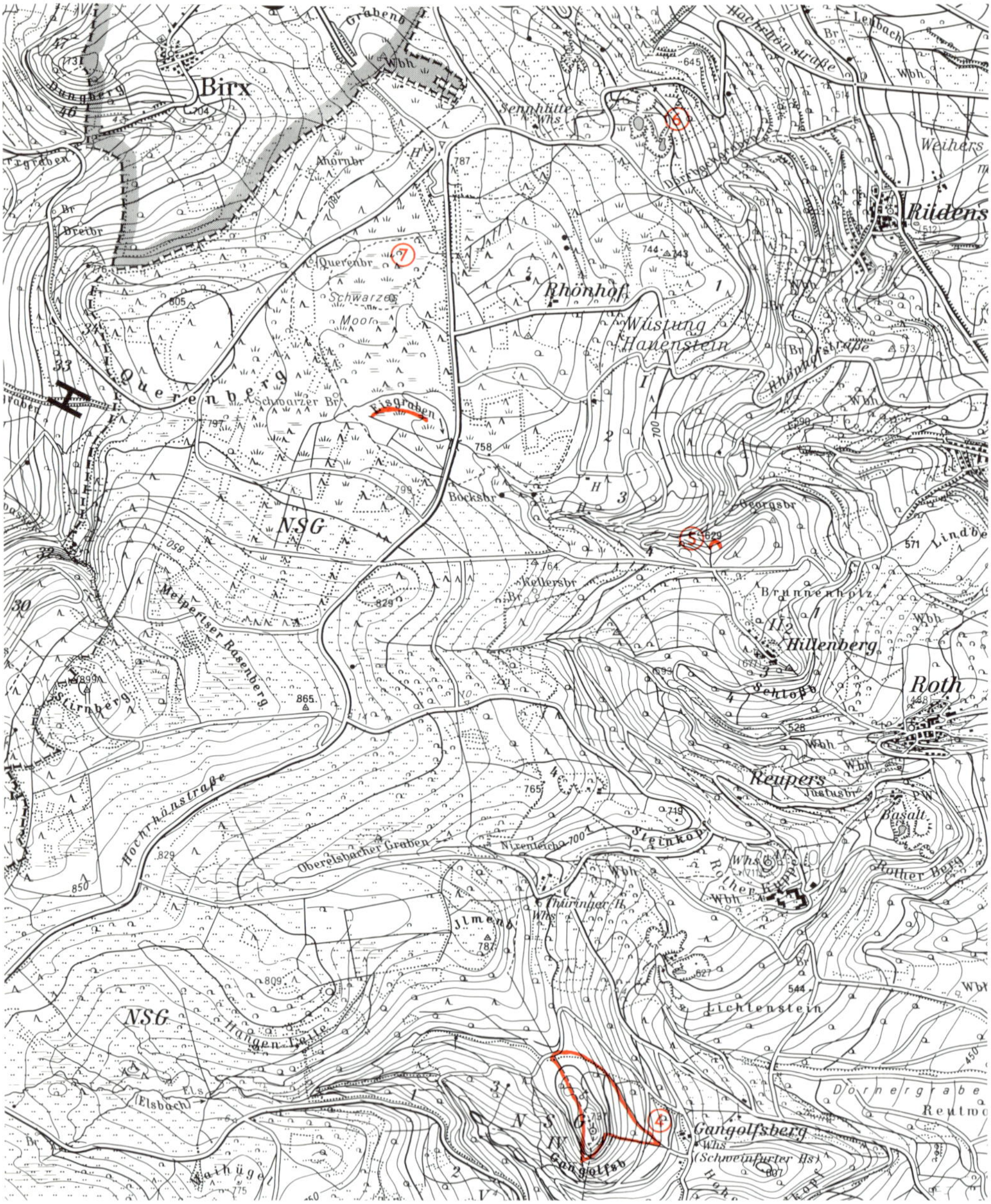

1 km
Maßstab 1:25 000

Der Eisgraben (Punkt 5 Karte Seite 66)

Fährt man von Bischofsheim aus die Hochrhönstraße etwa 16 km nach Norden, Richtung Schwarzes Moor, so kommt man zum Eisgrabenbach. Dieser Bach fließt auf einer geringmächtigen Basaltschicht. Beim Verlassen dieser harten Schicht bildet der Bach einen Wasserfall und hat sich danach schluchtartig in die weicheren, braunkohleführenden tertiären Sedimentgesteine eingeschnitten. Diese sind heute im oberen und unteren Teil des Eisgrabenbaches gut zu sehen. Entlang des Baches führt teilweise ein Wanderweg.
Im Basaltgestein hat sich eine Klufthöhle gebildet: die 50 m lange Frauenhöhle, die im unteren Eisgraben liegt. Sie stellt ein System schmaler Spalten in einem Basaltlager dar, welches inmitten der weichen, braunkohlehaltigen Gesteine eingebrochen ist. Die 20 m tiefe Höhle ist nicht zugänglich, aber von der Hochrhönstraße aus beschildert.
Nahe an der Höhle vorbei führt ein Wanderweg, der danach dem Eisgrabenbach folgt. Wie ausgedehnt die Wanderung sein soll, kann man sich anhand der topographischen Karte selbst zusammenstellen.

Das Basaltwerk am Feist (Punkt 6 Karte Seite 66)

Vom großen Parkplatz am Nordrand des Schwarzen Moores aus fährt man etwa 1 km in Richtung Fladungen. Hier befindet sich rechts der Straße ein imposanter Steinbruch, der nicht mehr in Betrieb ist. Das weitläufige Steinbruchgelände darf offiziell nicht betreten werden. Früher wurde hier ein Basaltschlot abgebaut.
Wandert man durch das alte Bruchgelände, so kann man gelegentlich den Kontaktbereich Basalt – Nebengestein sehr gut sehen. Man erkennt verschiedene Arten der Basaltabsonderung, wie Kissen und Säulen. Weiterhin sieht man Schlotbrekzien, Schweißschlacke und Basaltbomben.
Basaltbomben sind ausgeschleuderte Lavabrocken verschiedener Größe, die während des Flugs abkühlten und noch aerodynamisch geformt wurden. Im Idealfall haben sich ovale Brocken mit zwei kleinen Flügelchen ausgebildet. Findet man eine solche Bombe, an der die Flügelansätze noch vorhanden sind, so ist das ein ausgezeichnetes Sammlerstück.
Im Basalt kommen auch zahlreiche Brocken vom Grundgebirge, von Buntsandstein und von Muschelkalk vor, die einst von der Lava mit hochgerissen wurden. Achtung, im Bruch besteht Steinschlaggefahr!
400 m weiter talwärts zweigt von der Straße ein Weg ab, der zu einem ausgeschilderten Autoparkplatz (mit Grillmöglichkeit) führt. Hier befindet sich an einem Basaltblock eine kleine Erläuterungstafel, die über eine alte Wüstung Aufschluß gibt, die sich hier befand. Heute sind noch Grundmauerreste vorhanden.

2.8.4 **Rotes und Schwarzes Moor** (Punkt 7 Karte Seite 66)

Die Entstehung von Hochmooren können wir in der Rhön beobachten. Es handelt sich dabei nicht um riesige Urwälder, sondern um kleine Senken, deren Untergrund durch tonige Sedimente wasserundurchlässig geworden ist. Regenwasser, das sich hierauf anstaut, hat zur Ansiedlung besonderer Pflanzenarten geführt. Diese Pflanzendecke ist wiederum in der Lage, Feuchtigkeit zu halten. So können immer neue Generationen auf alten heranwachsen, und dadurch bilden sich leicht nach oben gewölbte Hochmoore.

In der Rhön befindet sich das Schwarze Moor nordöstlich von Wüstensachsen, nahe der DDR-Grenze, und das Rote Moor nordöstlich von Gersfeld. Es sind Hochmoore, die nach der letzten Eiszeit, also vor etwa 12 000 Jahren, entstanden sind. Sie beherbergen zum Teil eine besondere Pflanzenwelt, die sich von der anderer Naturschutzgebiete deutlich unterscheidet, z. B. Wollgras, Sonnentau oder Moosbeere.

Durch beide Moore führen beschilderte Pfade, die mit Brettern stabilisiert sind. Empfehlenswert ist der Besuch im nebligen Herbst, das verleiht der dortigen Landschaft die richtige Atmosphäre (Abb. 26).

2.8.5 Ulmenstein - Basaltsteinbruch und See

Zwischen Hünfeld (B 27) und dem 10 km südöstlich liegenden Hofaschenbach liegt, nahe dem Suhl-Berg (572 m), der Basaltsteinbruch. Ursprünglich befand sich auf dem Ulmenstein eine 50 m hohe Basaltklippe, die seit 1913 durch einen Stein-

Abb. 26: Das Schwarze Moor in der Langen Rhön.

bruch abgebaut wurde. Die Gesteinsbruchstücke wurden als Pflastersteine oder als Deichbefestigung bis nach Holland geliefert. Heute ist der Abbau eingestellt.
Anstelle der ehemaligen Basaltklippe ist nun ein 30 m tiefer Steinbruch vorhanden, dessen unterste Sohle zu einem See aufgefüllt wurde.

2.9 Das Werra-Meißner-Gebiet

Im Gebiet östlich von Kassel findet man auf engstem Raum drei charakteristische Gesteinsserien, die für Hessen typisch sind. Das tiefste Stockwerk bilden 360 Mio. Jahre alte Grauwackengesteine, die zum sogenannten varistischen Grundgebirge gehören. Darüber folgen Dolomit-, Gips- und Salzgesteine aus der Zechsteinzeit. Dann folgt der Buntsandstein sowie der Muschelkalk, die beide aus der Triaszeit stammen (Wanderung 2.9.5). Gesteine aus der Jura- und Kreidezeit findet man nicht.
Die imposanteste Ausbildung der Dolomit- und Gipsgesteine findet man auf Wanderungen zwischen Eschwege und dem Hohen Meißner, im Naturschutzgebiet „Die Hie- und Kripp-Löcher" (Wanderungen hierzu in 2.9.5).
Der Meißner ist der höchste Berg und das größte Basaltmassiv Nordhessens. Große tektonische Störungslinien kreuzen sich hier. Entlang dieser Schwächezonen drang gegen Ende des Tertiärzeit Basaltmagma bis zur Erdoberfläche empor oder blieb in den Sedimenten stecken. Die harten Basaltkuppen widerstehen bis heute der Verwitterung weitgehend und formen somit ein charakteristisches Landschaftsbild (Wanderung 2.9.1 und 2.9.6).

Entwicklung zur heutigen Landschaft:
An der Wende Jura/Kreide vor etwa 140 Mio. Jahren wurde das Grauwackengrundgebirge blockweise gehoben. So entstanden Sättel und abgesenkte Mulden. Die Gesamthebung umfaßte zum Teil über 1000 m und dauerte etwa 30 Mio. Jahre. Mit ihr wurde das darüberliegende Deckgebirge (Zechstein, Trias) ebenfalls gehoben. Durch die Heraushebung konnte die Erosion die Gesteine massiv angreifen. Die Haupterhebung bildet heute der etwa NW–SO-verlaufende Unterwerrasattel (südwestlich von Bad Sooden-Allendorf - siehe Abb. 27). Ihn begleiten die Grabenbrüche des Eichenberg-Gothaer Grabens, des Altmorschen-Lichtenauer Grabens, des Netra- und Sontragrabens.
Im Tertiär war Mitteleuropa und damit auch das Meißnergebiet eine flachwellige Landschaft mit subtropischem Klima und üppigem Waldbestand. Urwälder, die in

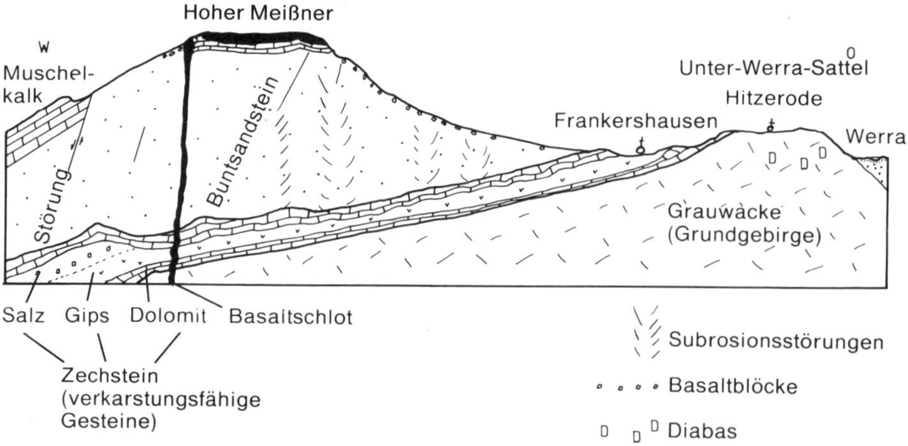

Abb. 27: Das Werra-Meißner-Gebiet (schematisches Profil, ohne Maßstab; umgezeichnet nach Möller 1987)

weiten Beckenlandschaften standen, versanken nach und nach im wasserreichen Untergrund. Neue Generationen wuchsen oben auf. Die mächtigen Pflanzenschichten wurden dann von tonigen und sandigen Sedimenten und später von der ausfließenden Basaltlava überdeckt. Aus den organischen Schichten entstand die Braunkohle, die heute abgebaut wird (Punkt 12 Karte Seite 84)

Die wichtigsten Einflüsse auf die Entwicklung der Oberflächenformen, der sogenannten Morphologie, hatten vulkanische und tektonische Ereignisse sowie die klimatischen Bedingungen im Tertiär. Das Klima im Tertiär war meist subtropisch, erst im Quartär nahmen die Eiszeiten entscheidenden Einfluß auf das Klima.

Interessant ist, daß die Braunkohle am Meißner teilweise mit heißer Basaltlava in Kontakt kam. Die aufdringende Lava, die großteils in den Sedimenten steckenblieb, kam dadurch auch in Kontakt mit der Braunkohle. Durch die Hitzewirkung wurde die Braunkohle zu einer glasartigen Masse geröstet. Das geschah vor etwa 11 Mio. Jahren (siehe Wanderung 1 in 2.9.5).

Die Flüsse, insbesondere die Werra, flossen bevorzugt in den entstandenen Grabeneinbrüchen und transportierten das erodierte Gestein des Deckgebirges weg. Dadurch wurde der Unterwerrasattel langsam herauspräpariert. Er ist heute als Bergrücken zu erkennnen, der Südost-Nordwest zieht und südlich von Bad Sooden-Allendorf von Eschwege nach Witzenhausen reicht (vgl. Abb. 27).

Die interessantesten Gesteine des östlichen Meißnervorlandes sind die Dolomit- und Gipsgesteine der Zechsteinzeit. Insbesondere der Gips zeigt die ausgeprägtesten Karsterscheinungen, die in Hessen zu sehen sind (Wanderung 2 in 2.9.5).

Regen- und Schmelzwasser ist durch besondere chemische Prozesse in der Lage, Kalk (Dolomit) und Gips zu lösen und sie wegzutransportieren. An Klüften und

Störungen sickert das Oberflächenwasser in das Gestein ein. Dort beginnt ein chemischer Lösungsprozeß, auf den hier nicht näher eingegangen werden soll (Näheres in Kap. 3 –Höhlen). Das abfließende Wasser bildet nun unterirdisch Hohlräume, die später trockenfallen können. Manche dieser Höhlen haben Verbindung zur Erdoberfläche und können dann von uns befahren werden. Es gibt jedoch einen ganzen Oberflächen-Formenschatz, der durch diese sogenannte Verkarstung erzeugt wird (Wanderungen in 2.9.5 und 2.9.2).
Hier einige Beispiele: *Dolinen* sind Einbruchstrichter auf der Erdoberfläche, die von darunterliegenden, eingestürzten Hohlräumen zeugen (Punkte 3, 4, 5, 7 in Karte Seite 88). *Poljen* sind oft langgestreckte Senken im Karstgebirge, die mit unlöslichen Sedimenten (Ton, Lehm) verfüllt sind. *Karren* nennt man chemische Lösungsrinnen, die auf den Kalk- oder Gipsgesteinen durch abfließendes Wasser erzeugt wurden. Die unterirdische Auslaugung der Karstgesteine nennt man *Subrosion*, dadurch entstehen auf der Erdoberfläche Trockentäler, da die Entwässerung inzwischen unterirdisch stattfindet.

2.9.1 Die Blaue Kuppe

Fährt man von Eschwege auf der kleinen gelben Straße (Generalkarte 1:200.000) etwa 7 km nach Süden, Richtung Langenhain, so findet man nach ca. 4 km westlich der Straße die Blaue Kuppe (Abb. 28). Es handelt sich um zwei auffällige Basaltkuppen inmitten der Buntsandsteinlandschaft, die jedoch keine klassischen Vulkane sind, wie wir sie von der Rhön her kennen.
Vor etwa 10–15 Mio. Jahren drang glutflüssige Lava von unten her durch die Schichten des Zechsteins vor und blieb im darüberliegenden Buntsandstein stekken. Die Lava erreichte also nie die Erdoberfläche. Da der Basalt durch den umgebenden Sandstein isoliert war und dadurch wesentlich langsamer abkühlte als an der Erdoberfläche, konnten sich größere Kristalle ausbilden als sonst. Solche grobkörnigen Basalte nennt man Dolerit.
Durch den Kontakt mit der ca. 1200°C heißen Basaltlava wurde der Buntsandstein „gefrittet", d. h., der rote Sandstein wurde gebleicht, eingelagerte Tone dagegen durch Brennen dunkler gefärbt. Durch diese Kontaktmetamorphose wurden die einzelnen Quarzkörner des Sandsteins miteinander verschmolzen und bildeten somit einen harten Mantel um die Lava. Durch später einsetzende Fumarolentätigkeit wurden in Blasenhohlräumen sekundäre Minerale abgeschieden. Solche Basalte nennt man dann Mandelsteine. In den Hohlräumen fand man Natrolith, Kalzit, Aragonit, Apatit und Quarz. Der Magnetit, den man manchmal in Form kleiner schwarzer Kristalle im Basalt erkennen kann, lenkt auch hier die Kompaßnadel ab. Ein häufig zu beobachtender Effekt bei Basaltgesteinen.

Abb. 28: Basaltsäulen an der Blauen Kuppe bei Eschwege.

Erst durch die Erosion der Sandsteine wurde die Basaltlava im Laufe von Millionen von Jahren freigelegt. Der harte Basalt sowie die gefritteten Sandsteine blieben als Härtlinge stehen. So bildete sich aus einem nie ausgebrochenen Vulkan ein Berg. Noch heute erkennt man Sandsteinblöcke, die in der Lava stecken, also einst von ihr mitgerisssen wurden. Weiterhin sieht man gefrittete und damit gehärtete Sandsteine.
Leider wurde der Berg über Jahrhunderte hinweg von Menschen als Steinbruch genutzt und dadurch stark in seinem Aussehen verändert. Heute ist die Blaue Kuppe jedoch Naturschutzgebiet.

2.9.2 Wanderung im Werra-Schiefergebirge bei Witzenhausen

Nördlich vom Hohen Meißner, bei Witzenhausen, hat der Werratalverein 1987 einen geologischen Rundwanderweg erschlossen. Im Rahmen dieses Buches soll diese Wanderungen kurz erläutert werden. Der Werratalverein hat hierzu einen sehr anschaulichen Wanderführer herausgegeben, den jeder gegen DM 5,- bestellen kann. Die Anschrift lautet:

Herrn Artur Künzel, 1. Vorsitzender
Werratalverein Witzenhausen e.V.
Katharinenhof, Ermschwerder Landstr. 2
3430 Witzenhausen 1
Tel. 05542-2760,
Städtisches Verkehrsamt: Tel. 05542-50813 (oder 5745)

Der Rundwanderweg beginnt an der Dohrenbacher Ecke, nahe der Abzweigung B 451 – Dohrenbach (3 km südlich von Witzenhausen). Er umfaßt die Stationen 1–17, die Wegführung ist aus der topographischen Karte Seite 74 zu ersehen, im Gelände sind kleine Holztafeln mit den Stationsnummern aufgestellt. Der Wanderweg ist mit gelben Dreiecken markiert. Die Wegstrecke beträgt etwa 15 km.

Hier werden stichpunktartig die geologischen Besonderheiten aufgeführt, die an den 17 Stationen zu sehen sind. Eine ausführliche Wege- und Aufschlußbeschreibung enthält der oben empfohlene Führer.
Das Hauptgestein des Werragebirges ist im Steinbruch an der Dohrenbacher Ecke (1) zu sehen. Es sind Grauwacken und Tonschiefer, die zum varistischen Grundgebirge gehören und in der Devonzeit am Meeresgrund abgelagert wurden. Die Sedimente des Devonmeeres wurden dann durch gebirgsbildende Prozesse in die tiefere Erdkruste versenkt, Druck und Temperatur ausgesetzt und verfaltet. Am Ende dieser Periode wurden die Gesteine durch Erdkrustenkompression nach oben gedrückt und bildeten die varistischen Gebirge, die zum Teil heute noch zu sehen sind (siehe Einleitung) (Abb. 29).
Man überquert dann die B 451 und geht auf der Gegenseite direkt auf den Wald zu. Dort findet man eine Bahnlinie. Am Bahnanschnitt (2) sieht man die Schichten aus dem unteren Zechstein, die auf dem varistischen Gebirge abgelagert wurden. Es sind Kupferschiefer mit kohlig-bituminösen Bestandteilen, Mergel und Kalkstein. Ein Meeresvorstoß, der vom Nordmeer kommend bis nach Mitteldeutschland reichte, hatte diese Gesteine zur Ablagerung gebracht.
Nun geht man einige Meter nach links (N) an den Bahngleisen entlang und steigt an geeigneter Stelle etwa 20 m steil im Wald empor. Dort trifft man auf einen kleinen Waldweg, dem man nach rechts (S) folgt.
Nach kaum 200 m erreicht man Station 3 – den aufgelassenen Schacht eines Erz- und Schwerspatbergbaus am Fuße des Schmachtebergs. Diese hydrothermale Mineralisierung tritt an Spalten und Klüften auf, die entstanden sind, als das varistische Gebirge gehoben wurde. Zirkulierende, mineralhaltige Wässer haben diese Minerale in Klüften ausgeschieden.
Weiter dem Weg entlang kommt man zu Station 4, einem alten Schürfstollen auf Kupferschiefer. Der Stollen liegt allerdings ca. 100 m bergauf – man folgt nur dem

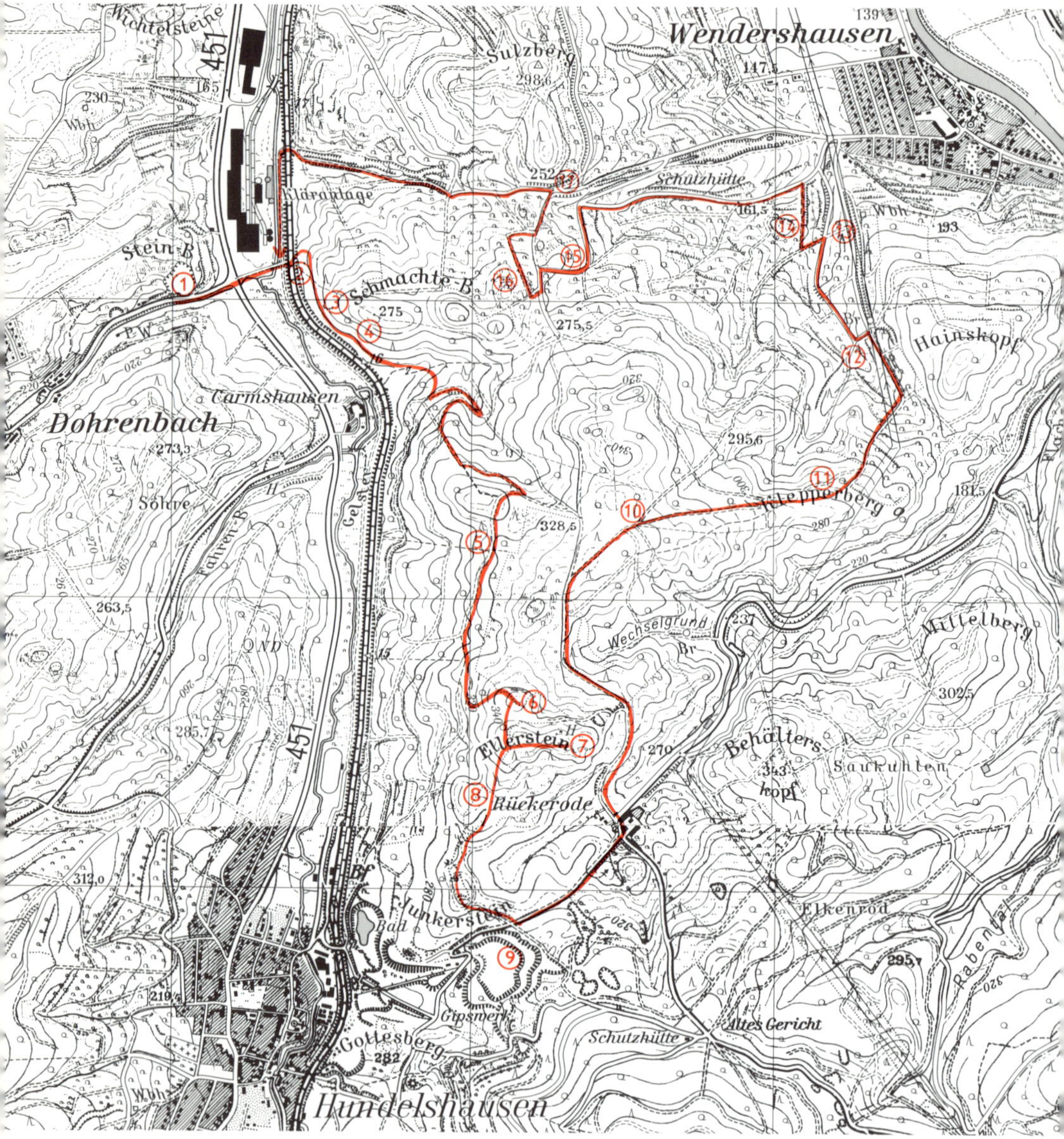

1 km
Maßstab 1:25 000

Abb. 29: Grauwackensteinbruch an der Dohrenbacher Ecke (Punkt 1, Karte Seite 74). In der linken Bruchwand ist eine steilstehende Störung zu erkennen, an der die Grauwackengesteine durch die Bewegung verschleppt (= verbogen) wurden.

schieferübersäten Hang und erreicht einen 4 m hohen Dolomitfelsen mit Stollenzugang (Taschenlampe mitnehmen!). Der dunkle, bituminöse Schiefer enthält bis zu 3% Metall, unter anderem Kupferkies ($CuFeS_2$), der früher abgebaut wurde (Abb. 30).
Nach einigen hundert Metern verlassen wir das Tal. Unsere Wanderung führt nun in kleinen Serpentinen bergauf, und es folgen mehrere Aussichtspunkte, wie die „Hohe Buche" (5), von der wir zurück zu unserem Ausgangspunkt blicken können, dann geht es steil bergauf zum Hauptdolomitrücken nördlich von Rückerode (6) und zum Stadtberg am Ellerstein (7), die im Wanderführer des Werratalvereins ausführlich erläutert werden.

Abb. 30: Der alte Schürfstollen auf Kupferschiefer (Station 4, Karte Seite 74).

Die Station 8 (ND Ellerstein) ist ein auffälliger Dolomitfelsen im Wald, etwa 500 m südlich vom Punkt 7.
Punkt 9 ist der große Gipssteinbruch bei Hundelshausen. Der bei Hundelshausen vorkommende Gips aus der Zechsteinzeit ist das mächtigste und reinste Vorkommen Deutschlands. Er ist im Zechsteinmeer entstanden und zeigt helle und dunkle Bänderung (Abb. 31). Seine hellen Bänder weisen auf Zeiten, in denen das Meerwasser sauerstoffreich und reich an gelösten Salzen war. Die dunklen Bänder sind Bitumenanreicherungen (organische Substanz) und deuten auf geringen Sauerstoffgehalt des Meeresgrundes hin (siehe auch 2. Wanderung in 2.9.5).
Vom Gipsbruch geht es über einen Feldweg zum Gehöft Rückerode und dort gleich wieder nach links auf einem Feldweg bergauf zum Wald.
Oben auf dem höchsten Punkt kann man herausgewitterte Findlinge sehen, die ehemalige Quarzabscheidungen im Grundgebirge darstellen (10) und der Verwitterung bis heute widerstanden haben. Neben diesen Mineralisationen finden wir Schwerspatmineralisationen bei Punkt 12, unmittelbar südlich von Wendershausen (vgl. Punkt 3).
Bei Station 11, am Nordosthang des Klepperbergs, sieht man, wie sich tektonische Störungslinien ausgewirkt haben (Näheres im Führer), und haben einen schönen Ausblick.

Abb. 31: Bänderung im Zechsteingips (Steinbruch Hundelshausen; Bildbreite etwa 30 cm).

Typische Karsterscheinungen, wie die Salzbachquelle (stark zugewuchert) und der Erdfall bei Wendershausen (inmitten von Kirschplantagen), werden bei den Sationen 13 und 14 vorgeführt. Das Wasser des Salzbaches sollten Sie unbedingt schmecken.
Es geht nun in die Kirschplantagen von Wendershausen, und man muß gut auf die gelben Dreiecke achten oder genau nach Karte laufen. Station 15 zeigt eine tiefe Doline im Zechsteindolomit, Station 16 ist ein kleiner Dolomitrücken inmitten von Lettengesteinen, das sind fruchtbare, plattige Tongesteine aus dem Zechstein.
Die letzte Station (17) beschäftigt sich mit den Gesteinen aus dem darüberliegenden Buntsandstein und ist im Gelände recht schwer aufzufinden.

2.9.3 Grenzstein-Wanderpfad bei Witzenhausen

Der Aktivität des Werratalvereins ist es zu verdanken, daß östlich Wendershausen ein Grenzstein-Wanderpfad eingerichtet wurde (siehe Karte 78). Info: Werratalverein.

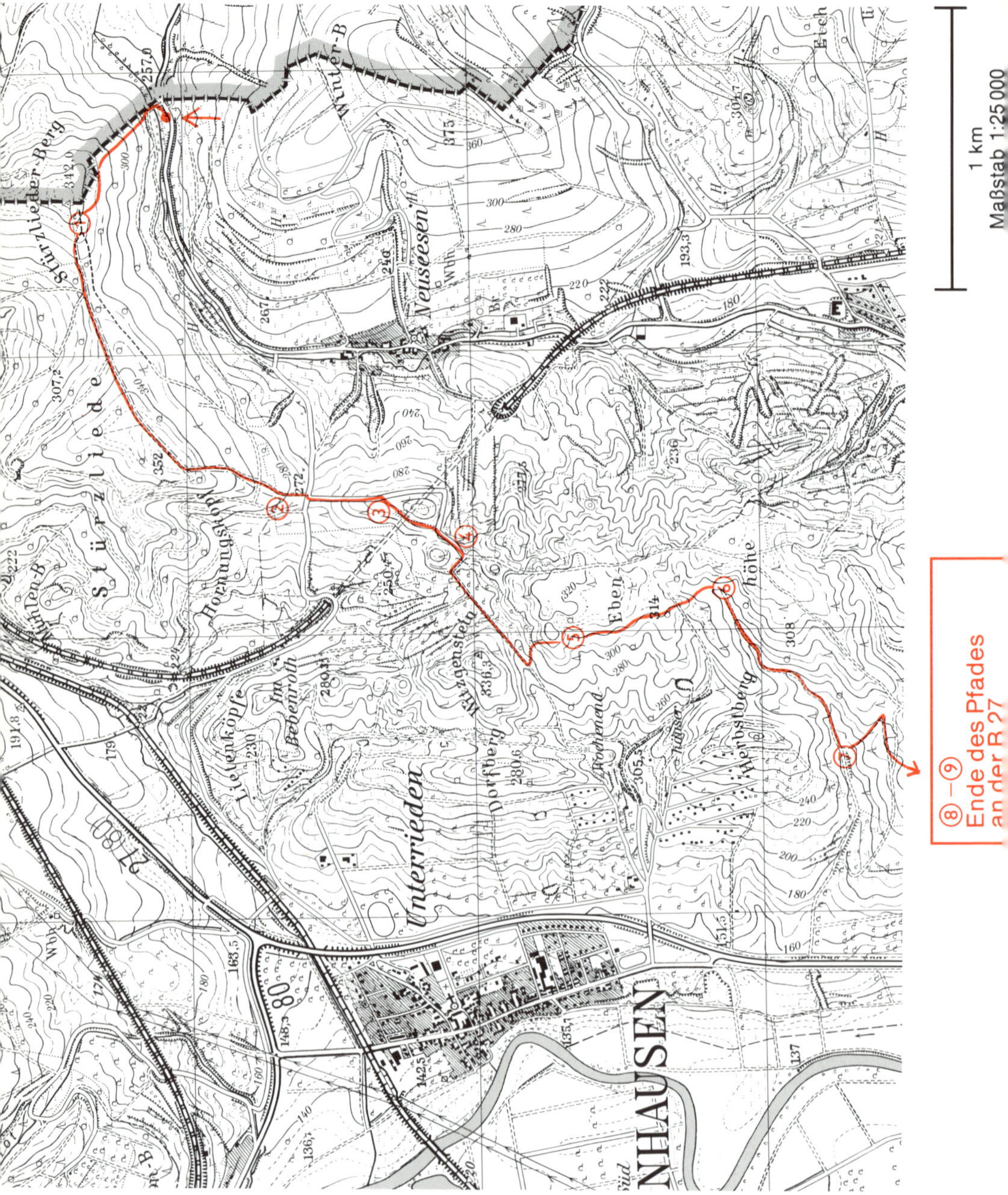
1 km
Maßstab 1:25 000
⑧–⑨
Ende des Pfades
an der R 27
Witzenhausen
Unterrieden
Neuseesen
Stürzlieder Berg
Hornungskopf
Dorfberg
Herbstberg

Dieser Wanderpfad zeigt Grenzsteine zwischen dem Königreich Preußen (KP) und dem Kurfürstentum Hessen (KH). Vielfach stehen neben diesen Grenzsteinen unbehauene, kantige Steine, die mit einer Spitze aus dem Erdboden ragen. Sie wurden vermutlich schon im 10. Jahrhundert gesetzt, als das Eichsfeld durch eine Schenkung des Kaisers Otto III. (983–1002) an das Erzbistum Mainz kam.
Beachten Sie als Wanderhilfe die Weisungsstriche auf der Oberseite und die Numerierung der Steine.
1 - Man erreicht den Landesgrenzstein 107 vom Parkplatz Ortsausgang Neuseesen. Der Wanderpfad ist vom Ausgangspunkt bis zum Liebenberg (Endpunkt) mit gelber Farbe markiert.
Man geht vom Parkplatz (Pfeil) zunächst in Richtung der DDR-Grenze zum Grenzpfosten No. 9. Am nun deutlich ansteigenden Pfad weisen Pfeile zum Ausgangspunkt Nr. 1 (siehe Karte). Die Osthälfte des Steins 107 stellt DDR-Eigentum dar. Auf dem Stein 106 sind undeutlich ein Wappen und 3 Halbmonde erkennbar (Hansteinwappen?). Die Südseiten der Steine 104, 91, 90, 85 zeigen den preußischen Adler sowie eine Krone mit Kreuz. Die Steine 90, 80, 77, 75, 62 zeigen die Grenze Hessen-Kassel an (HC).
2 - Stein 73*, der Pfad überquert die Straße Neuseesen-Unterrieden.
3 - Stein 68, Pfad führt in westlicher Richtung über 67 nach 66, knickt im stumpfen Winkel bei 65 nach Süden ab.
4 - Stein 61, der Pfad führt entlang eines ausgebauten Weges bis 57, und dann waldeinwärts bis 49.
5 - Stein 49, Pfad knickt im rechten Winkel nach Osten, bei 48 im rechten Winkel wieder nach Süden.
6 - Stein 44, Pfad knickt im rechten Winkel nach Osten, bei Stein 43 im rechten Winkel wieder nach Süden.
7 - Stein 22, Pfad knickt im rechten Winkel in südlicher Richtung ab und geht entlang eines Weges.
8 - Stein 21, Pfad verläuft entlang der Bundesstraße bergab. Die Steine stehen hier etwas in den Hecken.
9 - Stein 13 an der Bundesstraße, hier endet der Pfad.
* = Die Reihenfolge der Steinnummern hat mit unserer Wanderung nichts zu tun.

2.9.4 Zwei Kirschwege bei Witzenhausen

Beide Kirschwege sind besonders reizvoll während der Kirschblühte Ende April, Anfang Mai und natürlich während der Kirschenernte im Juni/Juli. Info: Werratalverein.
Der 1. Rundweg ist ca. 8 km lang. Kennzeichnung KI und rote Querstreifen. Der Ausgangspunkt liegt „Am Stieg", rechts der Landstraße nach Wendershausen (L

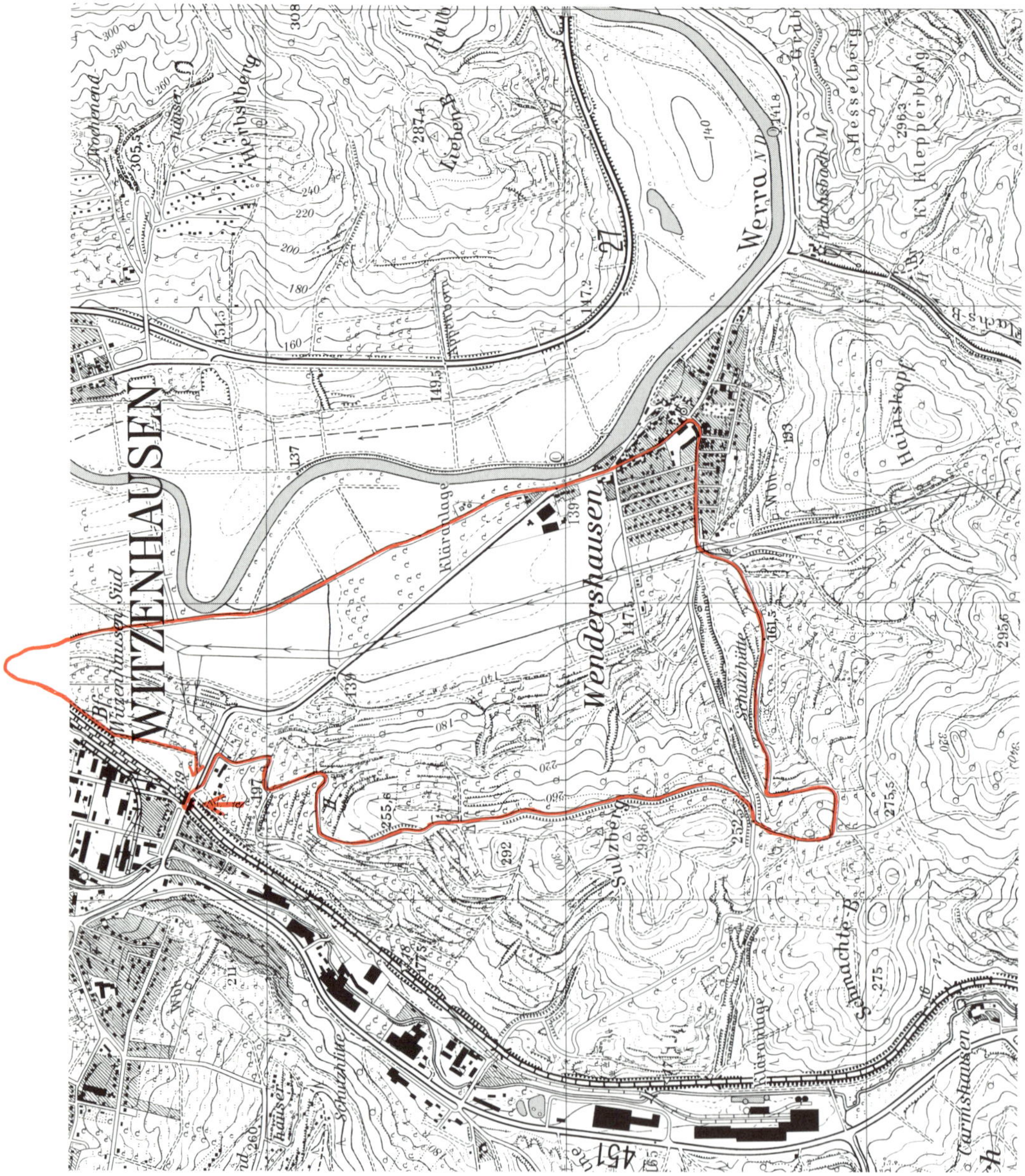

WITZENHAUSEN
Wendershausen
Werra
Hainskopf
Hesselberg
Sulzberg
Kläranlage

3463), unmittelbar an der Bahnlinie am südlichen Rand von Witzenhausen, unterhalb der EAM, dort Parkmöglichkeit (siehe Karte Seite 80).
Der ausgebaute Weg geht durch Süß- und Sauerkirschplantagen zum Sulzberg (298 m) hinauf, an einem Funkmast und einer Schutzhütte vorbei, dann unterhalb des Sulzbergkamms nach Wendershausen. Vom Sulzberg aus hat man einen guten Rundblick in das Werratal.
Der Kirschweg führt dann leicht abfallend hinunter nach Wendershausen, vorbei am Forsthaus durchquert man auf den Straßen Am Salzbach und Eschweger Straße das Dorf (Einkehrmöglichkeit) und gelangt am östlichen Ortsausgang in die Wendershausener Aue.
Der Weg durchläuft die Aue Richtung Witzenhausen und führt zu den Kirschplantagen Auf den Hecken und zurück zum Ausgangspunkt Am Stieg.
Der 2. Wanderweg geht vom Witzenhausener Nordbahnhof nach Unterrieden im Südosten, Länge etwa 5 km (Karte Seite 82). Wegmarkierung KI und rote Querstreifen. Ausgangspunkt ist die Eisenbahnunterführung Sudetenstraße Witzenhausen (Nähe Nordbahnhof). Auf einem gut ausgebauten Weg geht es durch Kirschplantagen hinauf zum Sandwald, man biegt dann rechts ab. Hier hat man einen herrlichen Rundblick bis zum Hohen Meißner. Der Kirschweg führt nun oberhalb des Strengetals und Sponbergs in östlicher Richtung im Bottenrot hinunter, durch eine Eisenbahnunterführung zur B 80. Man überquert die Bundesstraße nach Unterrieden und hat dort, am Ende des Kirschwegs, eine Einkehrmöglichkeit.

2.9.5 Zwei Wanderungen im Werra-Meißner-Gebiet

Die oben beschriebenen Karsterscheinungen sind sehr eindrucksvoll im Gebiet um Frankershausen (südwestlich von Bad Sooden-Allendorf) ausgebildet. Eine Wanderung in diesem Gebiet ist unbedingt empfehlenswert. Das Gebiet der Hie- und Kripplöcher ist Naturschutzgebiet und wird auch bei der nun folgenden Wanderung 2 erfaßt.
Die beiden Wanderungen im Werra-Meißner-Gebiet sind ausführlich in einem Führer beschrieben, den ich empfehlen möchte, da eine ausführliche Beschreibung den Rahmen dieses Buches überschreiten würde und im Gelände *keine* Hinweistafeln aufgestellt sind. Der Wanderführer beschäftigt sich allerdings in erster Linie mit der Entstehung der Oberflächenformen dieser Landschaft, eine Folge des geologischen Untergrunds. Der Führer ist erhältlich beim Verkehrsbüro Eschwege, Hospitalplatz 16, 3440 Eschwege, Tel. 05651-304 210 (304 339), und kostet 3,50 DM: Möller, K.: Geomorphologisch-Geologischer Wanderführer durch das Werra-Meißner-Gebiet, 81 S. (Berlin 1987).
Der Wanderführer beschreibt 11 Stationen. Die Wanderung führt von Albungen (nördlich von Eschwege an der B 27) nach Westen, zwischen Wolfterode und Vok-

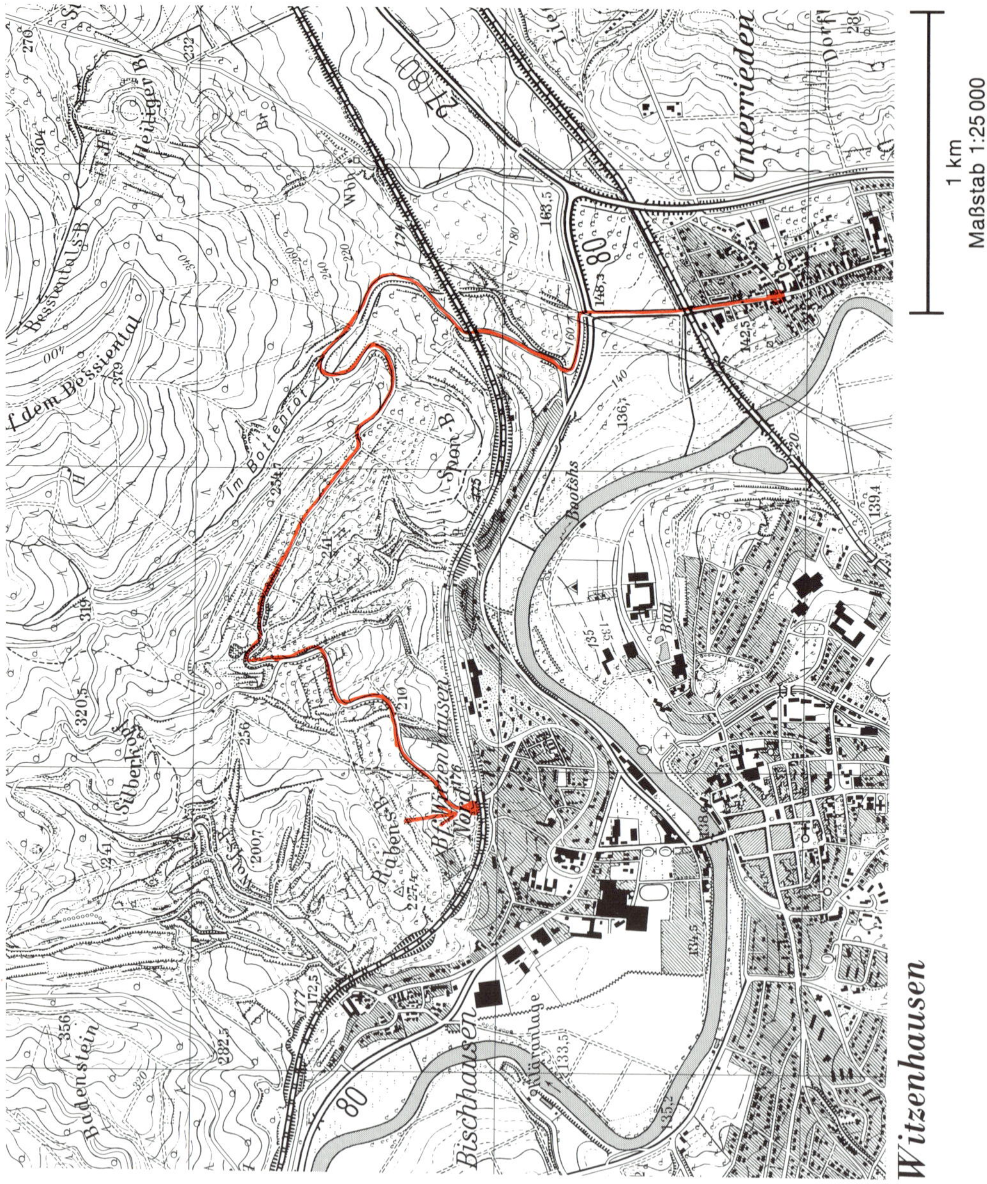
1 km
Maßstab 1:25 000
Witzenhausen
Unterrieden
Bischhausen
Witzenhausen Nord
Bessiental
Silberkopf
Badenstein
Im Bottenrot
Bad
Bootshs
Kläranlage
Heiliger B.
Raben-B.
Spon-B.

kerode hindurch bis zur Kalbe, einem alten Basaltschlot nahe des Frau-Holle-Teiches (siehe topographische Karte). Wanderung 1 ist in ihrem ersten Teil weniger interessant. Ich schlage daher vor, gleich bei Station 3 (Schmelzhütte bzw. Grube Gustav) zu beginnen. Die wichtigsten Stationen von Wanderung 1 und 2 sind in der Karte beziffert.

Wanderung 1 (Karte Seite 84):

Wir beginnen nahe dem Forsthaus Schmelzhütte (3), dessen Name auf den Kupferschieferbergbau zurückgeht. Das Forsthaus liegt am Zusammenfluß von Kupferbach und Berka. Die Bäche durchschneiden das Grundgebirge in Höhe der Grube Gustav, heute ein interessantes Schaubergwerk, dessen Besuch ich an dieser Stelle sehr empfehlen möchte. Die Führung durch das Bergwerk dauert etwa 1 Std. und wird qualifiziert durchgeführt. An der Grube befindet sich ein sehr informativer Steingarten, in dem zahlreiche Gesteinsblöcke aus der Zechstein- und Triaszeit betrachtet werden können.

Wandert man nun von der Schmelzhütte auf der Straße nach Frankershausen, so findet man nach etwa 300 m links (S) am Hang den Steinbruch Schmelzhütte (4). Etwa in mittlerer Wandhöhe sieht man ein stark welliges Relief. Dies ist die alte

Abb. 32: Steinbruch 300 m westlich der Schmelzhütte. In mittlerer Wandhöhe ist die dünne Kupferschieferschicht zu erkennen, darunter die alte Landoberfläche.

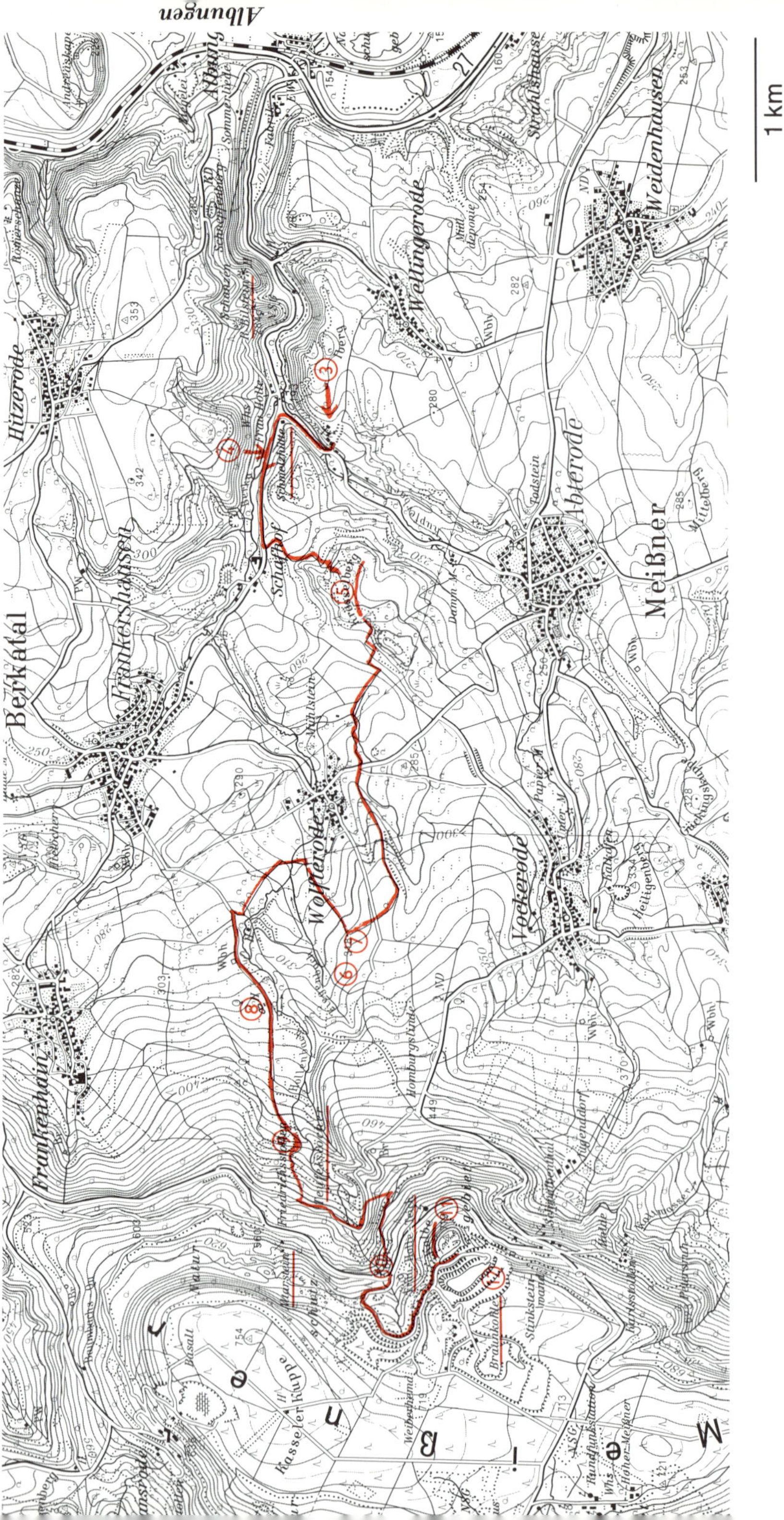
Albungen
Hitzerode
Berkatal
Frankershausen
Frankenhain
Wolfterode
Vockerode
Abterode
Meißner
Wellingerode
Weidenhausen
Kasseler Kuppe
1 km

Landoberfläche (Grundgebrige), auf der die Zechsteinsedimente abgelagert wurden (Abb. 32). Der Zechstein beginnt mit einer dunklen, dünnen Schicht Kupferschiefer, deren Ursprung auf marine Faulschlammsedimente zurückzuführen ist. Diese Schicht ist metallhaltig und wurde u. a. in der Grube Gustav unter Tage abgebaut.
Wir folgen nun der Straße weiter Richtung Frankershausen und biegen kurz vor dem Gehöft Schafhof nach links auf einen Feldweg ab, der uns um den Krösselberg führt. Der Krösselberg (5) ist eine ungewöhnliche Aufwölbung, die aus Zechsteindolomit besteht. Man vermutet, daß diese Aufwölbung auf einen mächtigen Anhydritkomplex (= wasserfreier Gips) im Untergrund zurückzuführen ist, der sich durch Wasseraufnahme allmählich ausgedehnt und so die darüberliegende Dolomitschichten gehoben hat. Auf dem Krösselberg findet man Dolomitblöcke, an seiner NW-Seite alte, verwachsene Gipsbrüche.
Der Steinbruch direkt hinter dem Gehöft Schafhof ist übrigens im Grundgebirge angelegt. Man findet Grauwackengesteine (Erläuterung im Anhang) und Schiefer. Vor Betreten bitte den Bruchbesitzer fragen.
Vom Krösselberg geht es nun über einen Feldweg nach Wolfterode, das man schon von weitem sieht. Noch südlich von Wolfterode überqueren wir die Landstraße und gehen weiter über Feldwege zur Höhe 318 m (siehe Karte). Bei den Punkten (6) und (7) des Führers von Möller, südwestlich des Ortes, stehen wir über einem periodisch durchflossenen Trockental. Die Gewässer mäandrieren in einer abflußlosen Bodensenke. Wenn wir nach Westen zum Meißner blicken, so beginnt nach wenigen hundert Metern bereits der Buntsandstein, der auch die Hauptmasse des Meißners ausmacht. Westlich von Wolfterode durchquert man diesen Buntsandstein.
Nun geht es bergab Richtung Frankershausen und Höllenbachtal. Man hält auf den rechten (nordöstlichen) Rand des Waldausläufers zu und erreicht einen asphaltierten Feldweg. Unmittelbar am nordöstlichen Waldrand kommt man auf eine kleine Kreuzung mit Bank und Birke. Dort nimmt man den rechten Asphaltweg bergauf, am Wasserbehälter vorbei und erreicht die Fankershäusener Badeteiche, die heute leider unbenutzbar geworden sind (8). Es handelt sich um ehemalige Erdfälle (Abb. 33).
Nun geht es den Weg weiter bergauf nach Westen zum Hohen Meißner. Man orientiert sich an dem weithin sichtbaren kleinen militärischen Empfänger, der wie eine graue Tonne auf Stelzen aussieht und im Wald auf der *Ostflanke* des Meißners steht. Am besten wählt man den Weg so, daß man etwa 400 m rechts dieser „Tonne" bergauf geht und dort auf die große Asphaltstraße trifft.
Hat man Schwierigkeiten, den Weg zu finden, so fragt man am besten die Bauern auf dem Feld, die man allenthalben trifft.
Auf dem Buntsandstein liegt nun ein mächtiges Basaltblockmeer. Mit etwas Glück stößt man auf den Waldserpentinenweg, der von Vockerode direkt zum Frau-Holle-Teich (Punkt 10) führt (an der Autostraße). Man hat von hier aus 2 Möglichkei-

Abb. 33: Einer der beiden Badeteiche südwestlich von Frankershausen.

ten, zum großen Tagebau am Meißner zu gelangen: Vom Teich aus geht man auf der Autostraße nach Süden bis zur kleinen Parkbucht mit der Kilometermarkierung 010 0,4 (L 3242), von hier auf einem Fußweg steil bergauf zum großen Tagebau am Hohen Meißner.

Zweite Möglichkeit: Man geht rechts des Teiches den Waldweg hoch mit der Wegemarkierung 6 in gelbem Kreis. Dieser Weg führt in einem großen Linksbogen zum Braunkohle- und Basalttagebau am Hohen Meißner (Punkt 12, Abb. 34). Der Weg führt nahe am Altarstein vorbei und kommt von Norden her auf das große Meißnerplateau. Hier sind zahlreiche Rundwanderungen möglich.

Nördlich des Tagebaus findet sich die Kalbe mit Erläuterungstafel. Ein breiter Weg führt zur Kalbe (11), einem abgebauten Schlot aus anstehendem Basalt, der heute im Zerfall begriffen ist.

Beginnt man die Wanderung bei der Schmelzhütte (3), so ist sie etwa 8 km lang (einfache Strecke).

Wanderung 2 (Karte Seite 88):

Um die interessanten Karstphänomene zu studieren, empfehle ich die Wanderung 2, die insgesamt 18 km lang ist, jedoch auch auf 2 Etappen begangen werden kann. Sie beginnt in Eltmannshausen (westlich von Eschwege an der B 27), geht nach

Abb. 34: Der große Basalt- und Braunkohletagebau am Hohen Meißner (Punkt 12).

Norden über Weidenhausen, Wellingerode, Frankershausen, südlich an Kammerbach vorbei nach Hilgershausen und endet in Hundelshausen. Die Wanderung umfaßt 9 Stationen, wobei die Stationen 1 und 2 weniger interessant sind. Man kann die Wanderung also auch bei Frankershausen beginnen und halbiert damit die Wanderstrecke (siehe Karte Seite 88)

Nördlich von Frankershausen beginnt man mit der Wanderung direkt an der Oberdorfer Mühle, die mitten im Tal zwischen den Karstquellen Breitenborn und Kressenborn (Abb. 35) steht und schon von weitem sichtbar ist. Die beiden Karstquellen liegen im Talschluß des Frankenhäuser Tals im Abstand von etwa 150 m auseinander. Ihr Sulfat- und Karbonatanteil ist sehr hoch und zeugt vom Kontakt zum unterlagernden Anhydrit ($CaSO_4$).

Von der Oberdorfer Mühle geht man über Feldwege wenige hundert Meter nach SW und befindet sich dann bereits mitten im Karstgebiet „Hie-Löcher" (3). Das 2. Karstgebiet erreicht man, indem man von der Oberdorfer Mühle wenige hundert Meter nach NO geht. Direkt an der Quelle Breitenborn findet man kleine Holzschilder mit dem Hinweis „Kripplöcher" (4).

In beiden Naturschutzgebieten reihen sich eine Vielzahl von Einsturzdolinen aneinander, die bis zu 15 m tief sind. Als 1958 eine Doline einsackte, riß der Erdfall ein

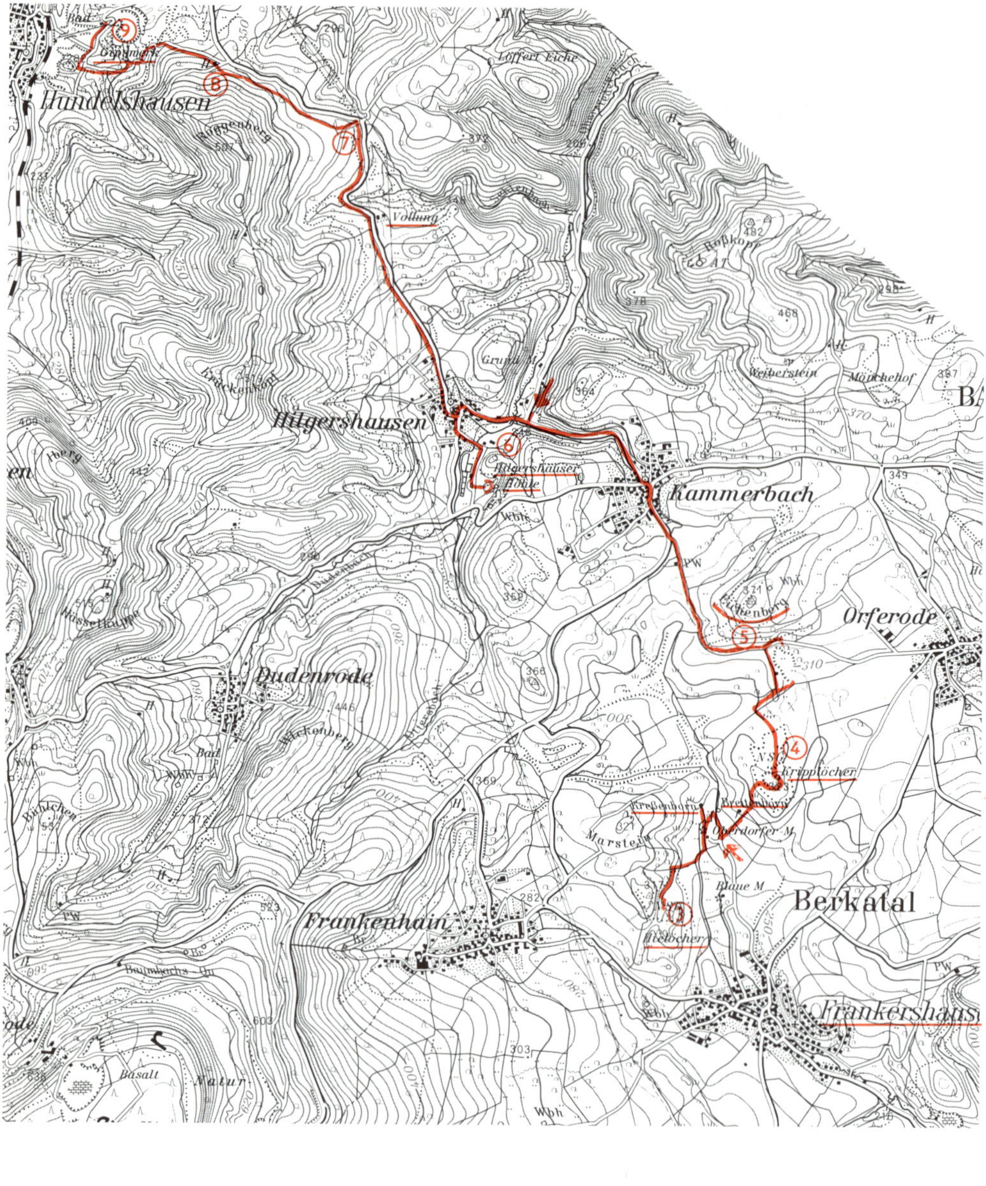
Hundelshausen
Hilgershausen
Kammerbach
Orferode
Dudenrode
Frankenhain
Berkatal
Vollung
Roßkopp
Weiberstein
Mönchehof
Kripplöcher
Marstein
Blaue M
Löffert Eiche
Grund M
Basalt

Abb. 35: Karstquelle Kressenborn nahe der Oberdorfer Mühle.

Abb. 36: Erdfall im Gebiet der Kripplöcher, der 1956 einbrach.

Kuhgespann mit in die Tiefe, das sich gerade hier befand (Abb. 36). Die verkarsteten Gipsgesteine stehen nicht immer an der Erdoberfläche an, sondern können vom Plattendolomit überdeckt sein. Die Auslaugung der Gipsgesteine führt jedoch dazu, daß die Deckschichten ebenfalls einbrechen, da ihre Stabilität nicht ausreicht, um die darunterliegenden Hohlräume zu überdecken.
Von den Kripplöchern wandert man etwa 1 km nach Norden zum Eichenberg (5), der aus Buntsandstein besteht. In seinem südlichen Ausläufer gibt es jedoch zahlreiche Erdfälle, die zu einer Hangversteilung geführt haben. Ursache für die Erdfälle sind Auslaugungsprozesse im Gipsuntergrund.
Der mit Bäumen bewachsene Berg ist als Steilansteig schon von weitem sichtbar. Die Dolinen an seinem Fuß werden heute als Kuhweide genutzt (Abb. 37).

Abb. 37: Blick nach Norden auf den Eichenberg; im Vordergrund Dolineneinbrüche.

Man wandert links (W) am Eichelberg vorbei und erreicht nach etwa 800 m Kammerbach. Auf der Hauptstraße geht man durch das Dorf und biegt an der Kirche nach rechts ab auf die kleine Straße Richtung Hilgershausen.
Wenige hundert Meter vor Hilgershausen findet man bei der Abzweigung nach Oberrieden eine hohe Felswand (kleiner Pfeil in Karte auf Seite 88). Bei den anstehenden graubraunen Gesteinen handelt es sich um Grauwacken, die das sogenannte Grundgebirge bilden und nur selten an die Erdoberfläche treten.
In Hilgershausen geht man sofort links zum Restaurant „Forellenhof", das in einer Seitenstraße etwa 200 m südlich des Dorfes liegt. Um zur Kammerbacher bzw. Hilgershäuser Höhle zu gelangen, geht man gegenüber dem Forellenhof, dort, wo sich

im Feld eine Senke befindet, einen Feldweg entlang Richtung Wald. Kaum 200 m im Wald, findet man die Höhle (6). Ihr Eingang liegt unter einem 30 m hohen Dolomitfelsen. Vor der Höhle befindet sich eine wassergefüllte Doline, die vermutlich unterirdisch mit dem Höhlensee in Verbindung steht (näher erläutert in Kap. 3, Höhlen). Im Winter kann man in der Höhle Eisstalagmiten und Eisstalagtiten beobachten. Taschenlampe mitnehmen!

Wir wandern nun auf der Straße von Hilgershausen nach Vollung (Einzelgehöft) und Rückerode. Wir verlassen wieder den Zechsteindolomit und treten in den Buntsandstein ein. Auch hier gibt es wieder Bodensenken und Erdfälle, deren Ursachen im verkarsteten Gipsuntergrund liegen.

Etwa 500 m Luftlinie nördlich von Vollung finden wir einen Parkplatz mit Wandertafel (7). Von hier wandern wir auf Waldwegen und Fußpfaden, die jedoch immer parallel zur Asphaltstraße nach Norden verlaufen, und erreichen den Rastplatz „Altes Gericht" mit Schutzhütte. Auf unserem Weg haben wir zahlreiche trichterförmiger Erdfälle im Wald gesehen (8). Es sind einzelne, z. T. 20 m durchmessende und 10 m tiefe Trichter oder ganze Trichterreihen, die zusammengewachsen sind. Auch hier wird der Zechsteingips von Buntsandstein überlagert, der erst durch die Auslaugung der darunterliegenden Gipsgesteine eingebrochen ist.

Beim Rastplatz Altes Gericht (mit Holztafel ausgeschildert) gehen wir den anfangs asphaltierten Weg bergab (Verbotsschild für Kfz), der halbrechts in den Wald abzweigt.

Die Wanderung endet im Gipsbruch von Hundelshausen (9). Der mächtige Gips aus dem unteren Zechstein wird von Muschelkalkgesteinen überdeckt, was im Steinbruch gut zu sehen ist (siehe Rundwanderung bei Witzenhausen 2.9.2).

2.9.6 Die Basaltklippen am Dörnberg

Unmittelbar nordwestlich von Kassel liegt der Ort Zierenberg, südöstlich davon im Naturpark Habichtswald der 579 m hohe Dörnberg (Karte Seite 92).

Das Gebiet um den Dörnberg besteht aus Muschelkalk, über dem teilweise tertiäre Sande liegen. Die Lava hat von unten kommend alle diese Gesteine durchschlagen und ist in Gesteinsspalten steckengeblieben. Erst die Verwitterung hat die heute sichtbaren Basaltfelsen freigelegt!

Die Wichtelkirche und die Helfensteine sind 30 und 40 m hohe Basaltklippen. Sie sind vom Parkplatz am Jugendhof (nordöstlich von Zierenberg) aus auf markierten Wanderwegen zu erreichen. Von den Helfensteinen hat man einen guten Ausblick aufs Land, zum Dörnberg und auf den Segelflugplatz. In den Basaltfelsen erkennt man leicht gebogene Basaltsäulen, deren Entstehung schon in Kap. 2.4.7 erläutert wurde.

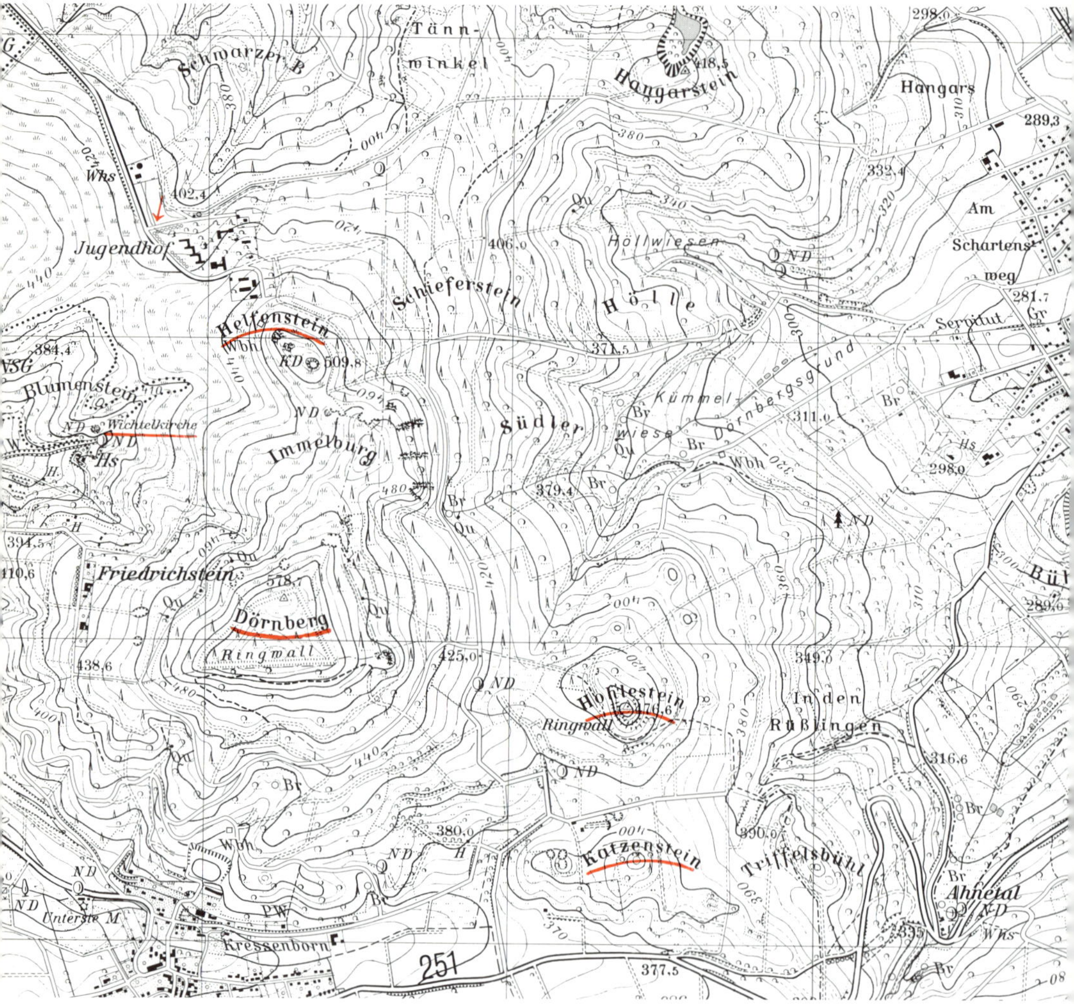

1 km
Maßstab 1:25 000

Abb. 38: Die Basaltfelsen der Helfensteine am Dörnberg.

Eine kleine Rundwanderung kann man sich nach der abgebildeten Karte selbst zusammenstellen. Man wandert zum Beispiel zuerst zu den Helfensteinen, die unmittelbar südlich vom Parkplatz liegen. Von dort aus geht es etwa 1,5 km weiter nach Süden zum weithin sichtbaren Dörnberg mit seiner Ringwallanlage. Dann weiter nach Osten zum Hohlestein, auf dem sich ein stark verfallener kleiner Ringwall befindet. Danach geht man wieder zurück und quert auf einem breiten Weg den Dörnberg auf seiner Südflanke. Die Wanderung endet auf der NW-Seite des Dörnbergs bei den Wichtelsteinen (Abb. 38).
Um die Basaltklippen der Wichtelkirche rankt sich eine Sage:
„Einst wohnte hier ein Wichtelkönig mit seinem Volk im Berg. Eines Tages sah er eine schöne Jungfrau am Hang des Berges. Von nun an wartete er dort oft in der Hoffnung, das Mädchen wiederzusehen. Eines Abends pflückte es Blumen am Berghang. Nach einer Weile legte es sich ins Gras und schlief ein. Der Wichtelkönig - in Gestalt eines Menschen - setzte sich neben das liebliche Mädchen, und beim Erwachen küßte er es. Er gestand ihr seine Liebe und erzählte, daß er der Fürst der Wichtel sei. Gold, Silber und Edelsteine versprach er dem Mädchen, wenn es seine Frau werden wollte. Aber das Mädchen mochte nicht einwilligen, da die Wichtel Heiden waren. Da versprach der König, ein Priester werde sie in einer Kirche trauen. In der Johannisnacht sollte die Hochzeit sein. In derselben Nacht erstrahlte an der Quelle des Heilerbaches eine kleine Kirche im Glanz vieler Lichter. Das Wichtelvolk hatte sie in aller Eile für seinen König gebaut. Liebliche Weisen erklangen, als das Brautpaar die Kirche betrat. Doch bei all dem Glanz war es der

Braut kalt und unheimlich. Und als sie das Ja-Wort geben sollte, brachte sie nur ein Nein hervor. Da verschwand unter furchtbarem Donnern und Blitzen die Kirche mit all ihrem Glanz, und an der Stelle erhob sich ein starrer Felsen. Das Mädchen aber kehrte erleichtert nach Hause zurück." (F. Jantzen 1985:35–36).
Am Dörnberg und am Hohlestein findet man Reste einer vorchristlichen Ringwallanlage. Zahlreiche Berge dieser Gegend heißen Katzenstein, so auch der südöstlich des Dörnbergs. Der Name leitet sich wahrscheinlich von dem westgermanischen Volksstamm der Chatten = Katten ab.
Im weiteren Umkreis um den Dörnberg gibt es außerdem einige interessante, heute wassergefüllte Steinbrüche im Muschelkalk und im Basalt.
Vom Segelflugplatz am Jugendhof aus kann man schöne Rundflüge über das Gebiet unternehmen und sieht dann zum Beispiel den Ringwall am Dörnberg einmal aus einer ganz anderen Perspektive.

2.10 Erdfalltrichter bei Trendelburg

Etwa 40 km Luftlinie nordöstlich vom Naturpark Diemelsee liegt Trendelburg an der Deutschen Märchenstraße (B 83). Fährt man von Trendelburg nach Osten Richtung Sababurg, so zweigt wenige hundert Meter nach dem Ortsausgang von Trendelburg nach links von der Straße ein ausgeschilderter Wanderweg ab und führt zu den Erdfalltrichtern. Der Weg führt bergauf durch einen kleinen Wald. Am Waldrand auf der Höhe findet man den ersten Trichter, Großer Wolkenbruch genannt (Abb. 39). Danach führt der Weg aufs freie Feld, wo er auf einen zweiten Weg trifft. Hier rechts ab zum Waldrand, dort findet man einen weiteren Hinweis zum zweiten Erdfall, Kleiner Wolkenbruch genannt.
Wie wir im Abschnitt „Wanderungen am Hohen Meißner" erfahren haben, entstehen Erdfälle immer nur in Gesteinen, die durch Wasser chemisch ausgelaugt werden können. Es werden so Hohlräume geschaffen, deren Dach manchmal einstürzt. Die Einstürze sind auf der Erdoberfläche als Erdfälle (Dolinen) zu sehen. Die Erdfälle bei Trendelburg haben sich jedoch im Buntsandstein ereignet, der normalerweise nicht durch Wasser ausgelaugt werden kann! Die Erdfälle waren daher lange rätselhaft. Heute glaubt man jedoch, die Lösung gefunden zu haben. Wie in der Zeittafel im Anhang nachzulesen ist, wurden im Zechstein Gips- und Dolomitgesteine (beide löslich) abgelagert. Darüber folgen Buntsandstein, Muschelkalk und Keuper. Hier in unserem Bereich steht nur der Buntsandstein an, der jedoch 800–900 m mächtig ist. Unter dieser Sandsteinschicht liegen jedoch die löslichen Zechsteingesteine. Man glaubt nun, daß im liegenden Zechstein Lösungsvorgänge große Höh-

Abb. 39: Der Erdfalltrichter Großer Wolkenbruch bei Trendelburg.

len geschaffen haben. Als die Höhlen einstürzten, sackte der darüberliegende 800–900 m mächtige Sandstein nach und bildete an der Erdoberfläche die heute sichtbaren Dolinen (Erdfälle) aus.

Der Große Wolkenbruch hat einen Durchmesser von 150 m und eine Tiefe von 43 m. Der See, der sich heute am Grunde des Trichters befindet, ist 9 m tief. Die Wände dieses Trichters sind so steil, daß man nur an einer Stelle auf einem Pfad hinunter zum See laufen kann. Bäume, die am Hang stehen, haben einen säbelartigen Wuchs. Das kommt dadurch zustande, daß das Erdreich langsam in die Tiefe nachrutscht, der Baum, der darin steht, aber immer senkrecht nach oben wachsen will und dies durch krummen Stammwuchs ausgleicht. Ein häufig zu beobachtender Vorgang.

Der Kleine Wolkenbruch ist trocken (Trockener Wolkenbruch), hat einen Durchmesser von 70 m und eine Tiefe von 23 m. Er hat weniger steile Wände und ist bequem zu begehen.

2.11 Der Urwald bei Sababurg

Die Sababurg liegt zwischen Trendelburg und Münden nahe einem Wildpark. Auf der Straße von der Sababurg nach Westen Richtung Beberbeck erreicht man nach etwa 2 km den Parkplatz am Naturschutzgebiet Reinhardswald.
Vom Parkplatz führen Wanderwege in ein Waldgebiet, das seit 1907 unter Schutz gestellt ist. Seit dieser Zeit sorgt keine Menschenhand mehr für einen „ordentlichen Wald", die natürlichen Vorgänge allein gestalten das Bild. So nähert sich der Wald langsam einem Zustand, wie er ursprünglich einmal war.
Der Wanderer sieht sich in eine andere Welt versetzt, wenn er zum Beispiel im nebligen Herbst durch diesen unberührten Urwald wandert. Er kommt an 400 Jahre alten Buchen mit weit ausladenden Kronen vorbei, an 800 Jahre alten Eichen oder an Bäumen, die vom Blitzschlag getroffen wurden und nun tief aufgespalten sind. Gewaltige Eichen und Buchen vermodern am Boden und bieten Insekten und Käfern Lebensraum. Forstleute und Biologen haben hier die Möglichkeit, die Entstehung eines natürlichen Waldbestandes zu beobachten.

3. Höhlen

Im Gegensatz zu den künstlich geschaffenen Bergwerksstollen sind Höhlen natürlich entstandene unterirdische Hohlräume. Man unterteilt sie in primäre und sekundäre Höhlen.

Primäre Höhlen sind parallel mit ihrem Muttergestein entstanden, z. B. Lavahöhlen. Sekundäre Höhlen bildeten sich im bereits vorhandenen Gestein, wichtigste Vertreter sind die Karsthöhlen, die durch die chemische Lösung von Gips-, Kalk- und Dolomitgesteinen entstehen. Es sind sozusagen die unterirdischen Wasserleitungen im Gestein.

Bei der chemischen Lösung von Kalk- und Dolomitgesteinen muß das Wasser vorher Kohlendioxid aufgenommen haben. Erst dann kann es die genannten Karbonatgesteine lösen und somit Hohlräume schaffen. Kohlendioxid wird von Regen- und Schmelzwässern aus der Luft, hauptsächlich jedoch aus dem Humusboden aufgenommen. Eine dichte Pflanzendecke ist also der wichtigste Kohlendioxidlieferant für das Wasser. Ist dieses mit Kohlendioxid angereichert, wirkt es wie eine leichte Säure, kann Kalk und Dolomit lösen und dadurch Höhlen schaffen. Wenn ein Hohlraum vorhanden ist, kann sich dort auch der umgekehrte Prozeß abspielen. Kalkbeladenes, kohlendioxidreiches Wasser tritt durch feine Risse in den Höhlenraum ein. Durch das nun erfolgende chemische Ungleichgewicht scheidet sich das Kohlendioxid an die Höhlenluft ab. In diesem Moment kann das Wasser den Kalk nicht mehr halten. Er fällt als kristalliner Tropfstein ($CaCO_3$) aus. Auf diese Weise entstehen Stalagtiten (hängend) und Stalagmiten (stehend), Sinterfahnen und Tropfsteinwasserfälle.

In Wasserbecken kristallisieren feine Kalzitkristalle ($CaCO_3$). Unter besonderen Umständen wachsen sie von Tropfsteinen aus wie kleine Bäume frei in den Hohlraum hinein. Solche Kristalle nennt man aufgrund ihres außergewöhnlichen Wachstums *Excentriques.*

Die Gesteine, in denen sich die meisten hessischen Höhlen entwickelt haben, sind:

- Kalksteine aus dem Devon. Sie kommen vor allem in Westhessen vor, so in der zentralen Lahn-Dill-Mulde, sowie in tektonischen Schollen am Südrand des Rheinischen Schiefergebirges.
- In der Zechsteinzeit kommen Dolomit und Gips als höhlenführende Gesteine

vor. Zechstein findet man im Werragebirge, im Meißnervorland, in Waldeck und in der Umrandung des Kellerwaldes.

- Der Muschelkalk nimmt nur in Nordhessen eine größere zusammenhängende Fläche ein, außerdem im Ringgau, der Eiterfelder Mulde, östlich von Hünfeld und um Schlüchtern.

In Hessen gibt es nur wenige Höhlen. Dennoch erhalten zahlreiche hessische Städte ihr Trinkwasser aus verkarsteten Kalksteinen, so etwa Limburg, Hadamar, Braunfels und Wetzlar aus devonischem Kalk oder Korbach und der Kreis Waldeck aus Zechsteinkarbonaten. Aus dem Muschelkalk gewinnen zahlreiche kleinere Gemeinden Nord- und Osthessens ihr Trinkwasser.
Karstwasser ist sehr empfindlich gegenüber oberirdischen Verunreinigungen. Man bedenke, daß dieses Wasser häufig in Hohlräumen fließt, in denen kaum ein Reinigungsprozeß stattfinden kann. Im Gegensatz dazu wird Wasser, das durch Mergel-, Sand- und Tonschichten sickert, wesentlich besser gereinigt.

Das umfassende wissenschaftliche Nachschlagewerk über Höhlen und Karsterscheinungen in Hessen, das ich an dieser Stelle sehr empfehlen kann, trägt den Titel: Beiträge zur Karst- und Höhlenforschung in Hessen; Karst und Höhle 1984/85, München 1985 (1).
Erhältlich ist das Werk zum Preis von etwa DM 50,–beim Verband der deutschen Höhlen- und Karstforscher e.V.
Jörg Obendorf, Widenmayerstr. 2, 8000 München 22.
Oder bei Gerhard Stein, Anne-Frank-Str. 5, 6000 Frankfurt 50.
Folgende Informationsschrift ist unentgeltlich zu erhalten: „Hessen sehen und erleben".- Hessendienst, Postfach 3147, 6200 Wiesbaden 1 (2).
Allgemeines über Höhlen in Deutschland bietet der HB-Bildatlas spezial „Höhlen in Deutschland" (3).

Die Kubacher und die Steinauer Höhle sind Schauhöhlen, die anderen hier beschriebenen Höhlen sollten nur mit Helm, festem Schuhwerk und 2 Lampen betreten werden. Das Betreten erfolgt immer auf eigene Gefahr.

3.1 Die Kubacher Kristallhöhle

Diese Höhle wurde 1974 durch eine Suchbohrung gefunden. Die Sache begann damit, daß ein Lehrer alte Aufzeichnungen studierte, in denen von einer prächtigen Tropfsteinhöhle berichtet wurde, die im 19. Jahrhundert beim Phosphoritbergbau

angeschnitten worden war. Einige Tropfsteine, die die Bergleute damals ans Tageslicht brachten, sollten den Beweis für die Existenz der Höhle darstellen.
Mittels verschiedener Aufzeichnungen versuchte man nun von der Erdoberfläche her, die Lage der vermuteten Höhle zu rekonstruieren. Schließlich entschloß man sich zu mehreren Suchbohrungen. Tatsächlich konnten verschiedene Hohlräume angebohrt werden. Man ließ eine kleine Kamera durch die Bohrlöcher hinunter und konnte so Bilder von den Hohlräumen machen, ohne selbst dort gewesen zu sein.
Bei einem besonders großen Hohlraum entschloß man sich, einen 44 m tiefen und etwa 60 cm durchmessenden Bohrschacht abzutäufen, durch den am 15. Oktober 1974 das erste Mal ein Mensch in die neuentdeckten Hohlräume absteigen konnte. Man fand eine völlig unbekannte Höhle, bei der es sich nicht um das urspünglich gesuchte Objekt handelte.
Der neuentdeckte Hohlraum war ca. 200 m lang, bis zu 23 m breit und fast 30 m hoch. Die Höhle war in einer N–S-verlaufenden Gesteinskluft angelegt und wahrscheinlich nicht durch einen unterirdischen Fluß gebildet, sondern im fast stehenden Karstwasserkörper. Man vermutet CO_2-reiche thermale Wässer aus größerer Tiefe (aus 1, 2, 3).
Die Kubacher Kristallhöhle ist ausgeschildert und liegt etwa 3 km südöstlich von Weilburg bei Kubach. Öffnungszeiten vom 1.4. bis 31.10. jeden Jahres. Auskünfte: Höhlenverein Kubach e.V., 6290 Weilburg-Kubach, Tel. 06471-4813.

3.2 Teufelshöhle bei Steinau

Fährt man auf der A 66 von Gelnhausen nach Schlüchtern, so passiert man auf der folgenden B 40 Steinau. Hier ist die Höhle ausgeschildert.
Die Teufelshöhle liegt in Muschelkalkgesteinen und ist 40 m lang. Sie wurde 1862 erstmals befahren. Hierzu mußte man sich von oben durch die Decke in einen etwa 20 m tiefen Schacht abseilen (Abb. 40). Erst 1910 wurde ein horizontaler, 53 m langer, künstlicher Stollen zum Hohlraum getrieben.
Im Schuttkegel des großen Doms (Höhe 28 m) fand man zahlreiche Tierknochen, Basaltbrocken, ein Schwert, eine Egge sowie Keramikscherben, Knochen und Steine. Sie wurden vermutlich in das Teufelsloch geworfen, weil man glaubte, dort unten wohne der Teufel und man seine Wohnstätte zufüllen wollte (aus 1, 2, 3).
Öffnungszeiten: Ostern bis September, Sa. 13.00–18.00, So. und feiertags 9.00–18.00 Uhr. Information: Stadtverwaltung 6497 Steinau.

Abb. 40: Hessische Höhlenforscher beim Vermessen der Teufelshöhle bei Steinau.

3.3 Eishöhle bei Dornburg

Dornburg liegt im Landkreis Limburg-Weilburg und ist über die B 54 zu erreichen. Man gelangt an die vergitterten Eingänge über das Familienferienheim „Maria Waldrast".

Diese Höhle ist die einzige Eishöhle Hessens. Der aus lockeren Felsblöcken bestehende Berghang wirkt wie ein Kamin. Das Niederschlagswasser vereist im Inneren zur Winterzeit durch die einströmende kalte Luft und taut im Sommer nicht vollständig auf.

Eis, das im Sommer teilweise abschmilzt, entzieht dem Berg wiederum Wärme. Das verhindert das weitere Abschmelzen des restlichen Eises. Jährlich tauen vom 8 m mächtigen Dornburgeis etwa 2,5 m ab. Das Eis tritt in 2 vergitterten Stollen zutage, die man besichtigen kann (aus 1).

3.4 Höhlen im Wildweiberhäuschen

Wenige Kilometer südwestlich von Dillenburg liegt Langenaubach. Das Wildweiberhäuschen ist ein auffallender Fels, der 200 m südlich von Langenaubach (im Aubachtal) aus dem östlichen Talhang hervorsteht (Karte Seite 102). Er besteht aus devonischem Massenkalk, der durch ehemalige Riffe entstanden ist. In diesem Felsen befinden sich zwei kleine Höhlen.
Die obere Höhle ist von weitem sichtbar und liegt in der Steilwand des Felsens, etwa 11 m unterhalb des Gipfels. Um zu dieser Höhle zu gelangen, geht man am besten den steilen Weg hinter dem Felsen hinauf, bis man, von der Bergseite kommend, kurz unterhalb des Gipfels vom Wildweiberfelsen steht. Dort ist eine Spalte sichtbar, die man jedoch ohne Seil nicht begehen kann. Gleich rechts dieser Spalte führt eine Spur über die Kalkfelsen hinab. Ein bißchen klettern muß man nun schon, um an die mittlere Höhle zu gelangen (Abb. 41).
Der Eingang zur unteren Höhle liegt versteckt etwas oberhalb des untersten Fußwegs, der nahe dem Aubach entlangführt.
Beide Höhlen sind nicht besonders groß, jeweils etwa 20 m lang. Die obere Höhle ist trocken, man muß zum Teil gebückt gehen. Die untere Höhle ist sehr feucht, und an manchen Stellen ist der Weg durch Deckenabbrüche erschwert. Beide Höh-

Abb. 41: Blick aus der mittleren Höhle im Felsen Wildweiberhäuschen.

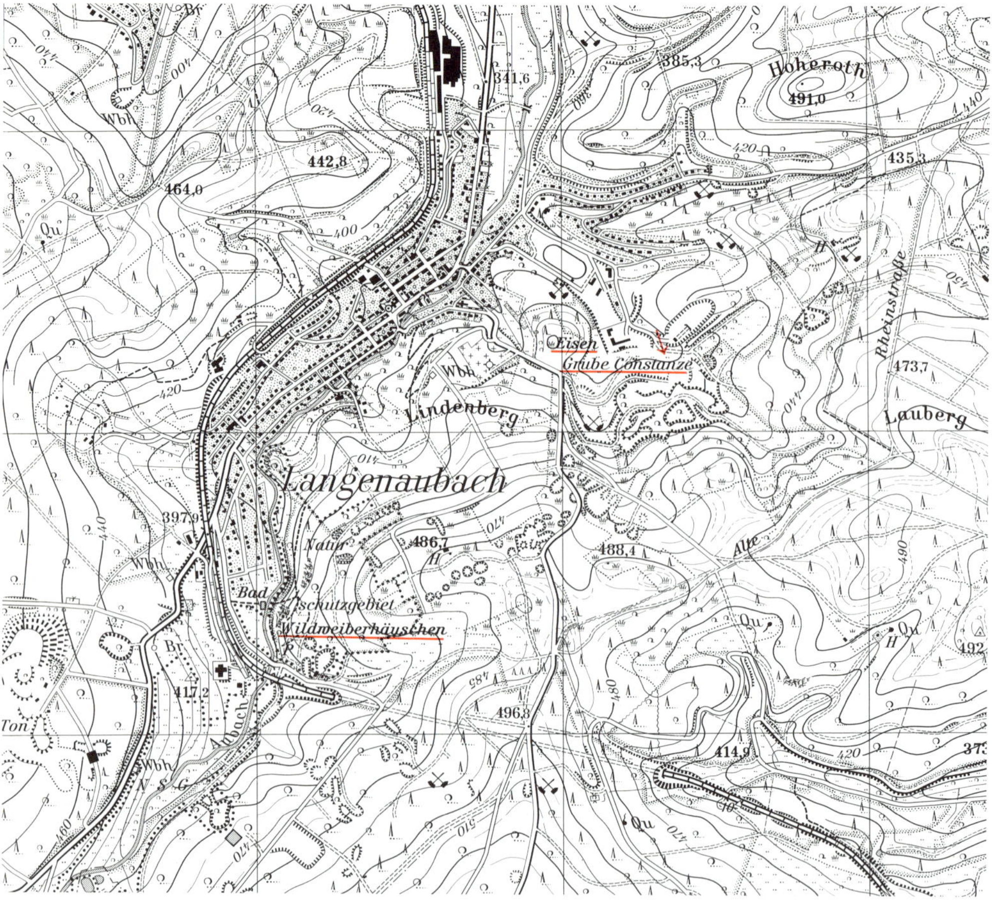

len stehen unter Naturschutz. Leider wurden bereits viele der schönen Tropfsteine geraubt.
Was die wenigsten wissen: Tropfsteine verlieren am Tageslicht bald ihre Schönheit und werden unansehnlich (aus 1).

Vom Wildweiberfelsen aus kann man nun dem idyllischen Aubachtal entlang nach Süden wandern.
In diesem Gebiet befinden sich zahlreiche verlassene Steinbrüche und Erztagebaue. Einer dieser Tagebaue ist die Grube Constanze östlich von Langenaubach (siehe Karte oben).
In Langenaubach folgt man mit dem Auto der Beschilderung „Sportplatz, Schützenhaus". Man kommt am Sportplatz vorbei und erreicht über eine schmale Straße

schließlich das Schützenhaus. Etwa 50 m vor dem Tor des Schützenhauses biegt man nach rechts auf einen Feldweg ab und parkt dort. Der Punkt ist auf der Karte Seite 102 mit einem Pfeil markiert.
Von hier aus geht man gerade bergauf in den Wald hinein und kann in einem großen Rechtsbogen durch den ehemaligen Tagebau wandern. Zwar ist alles längst verwachsen, es handelt sich jedoch immer noch um ein bizarr erscheinendes Gelände.
Die Gesteine, die wir hier wie auch an der Felswand am Schützenhaus sehen können, sind Kalke und Schiefer aus der Devonzeit. Die rote Verfärbung stammt vom Eisengehalt dieser Gesteine bzw. von den vulkanischen Einlagerungen.

3.5 Die Erdbachhöhlen

Wenige Kilometer südlich von Dillenburg liegen die Dörfer Breitscheid und Erdbach. Am Ostrand von Breitscheid, unmittelbar neben der Straße nach Erdbach, findet man einen metertiefen Trichter, in dem der Erdbach verschwindet (Abb. 42). Nach einem unterirdischen Lauf von 1,3 km Luftlinie tritt er als stärkste Quelle weit und breit im alten Erdbacher Steinbruch wieder ans Tageslicht. Die Höhendifferenz auf dieser Strecke beträgt 110 m (Karte Seite 104).
Dieser Sachverhalt war bis Mitte der sechziger Jahre unbekannt. Die Besonderheit, daß ein Bach urplötzlich in einer großen Gesteinsspalte verschwindet, hat schon seit Jahrhunderten die Phantasie der Menschen erregt. So ist folgende Sage entstanden:
„Der Erdbach floß damals, wie alle anderen Bäche im Westerwald es tun, auf dem Erdboden dahin, bewässerte die Wiesen der Breitscheider und befruchtete ihre Äcker zur heißen Sommerzeit. Aber die Breitscheider waren den Unterirdischen (Zwergen) nicht gut und zeigten sich recht oft undankbar.
Da nahmen diese ihnen den Bach. Als die Breitscheider eines Morgens aufstanden und ihre Wiesen wässern wollten, da war das Wasser plötzlich in der Tiefe verschwunden. Die Zwerge hatten es geholt und dadurch den Breitscheidern großen Schaden zugefügt.
Damit war aber den Erdbachern auch der Bach genommen, obwohl sie mit den Zwergen gut standen. Sie kamen daher und baten, ihnen doch den Bach wiederzugeben. Die Zwerge willigten ein, und als die Erdbacher anderen Tages aufstanden, rauschte der Bach durchs Tal wie zuvor. Am Fuße des Berges kam der so plötzlich verschwundene Bach wieder zum Vorschein.“ (O. Runkel: Westerwaldsagen)

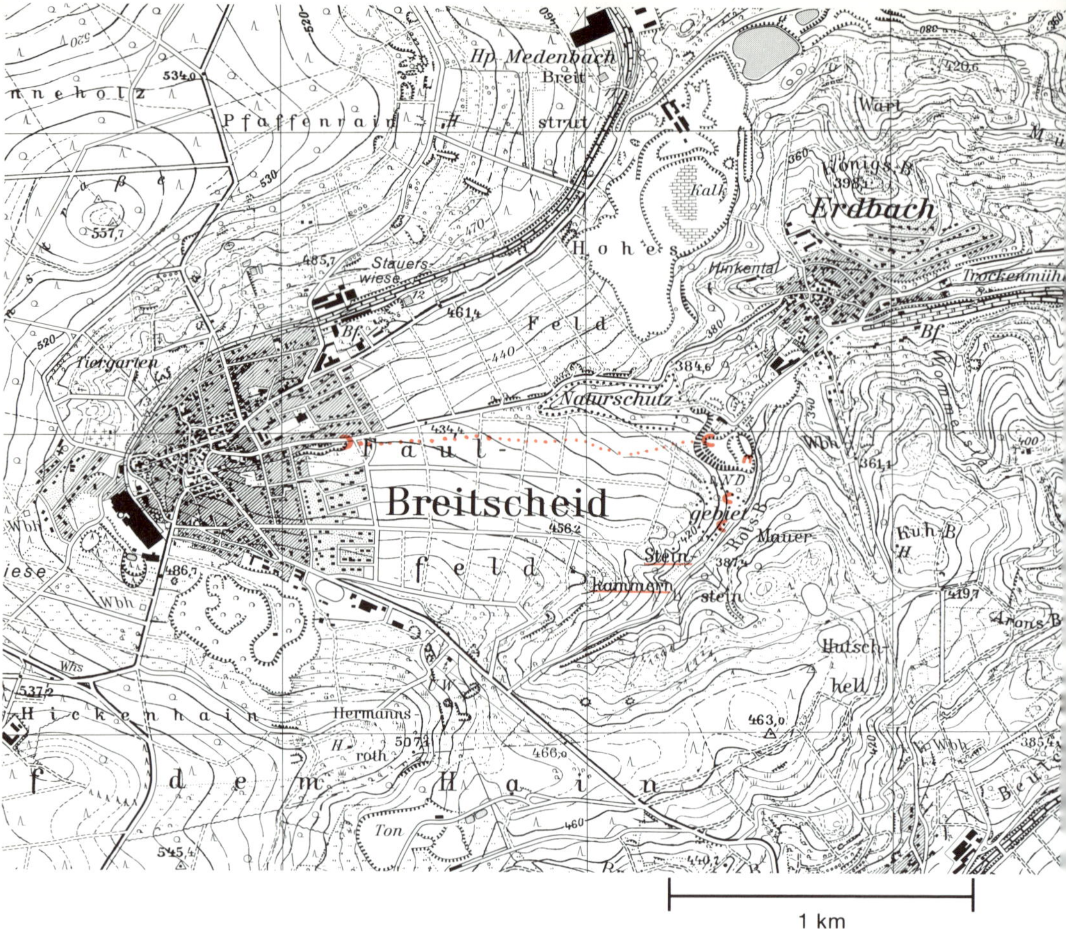

Die wissenschaftlichen Befunde:

Das Wasser benötigt für seinen unterirdischen Weg etwa 14 Stunden, ehe es im Erdbacher Kalksteinbruch wieder zutage tritt. Bei Unwetter schaffen die Wassermassen den Weg in nur 1 Stunde. Den Austritt kann man im Erdbacher Steinbruch sehen. Die Größe dieses Karstphänomens ist einmalig in Hessen.

Mitte der 60er Jahre brach mitten auf dem Breitscheider Feld ein großer Trichter ein. Der Erdbach hatte einen unterirdischen Hohlraum so stark erweitert, daß sein Dach einstürzte. Der Einbruch ist heute mit einem Zaun abgesichert.

Die hessischen Höhlenforscher haben daraufhin versucht, den unterirdischen Verlauf des Erdbachs zu erforschen. Sie fanden etwa 500 m Gänge, die bis in eine Tiefe von 100 m reichten, also fast die gesamte Höhendifferenz des Flusses darstellten. Im unterirdischen Flußlauf fanden sie enge, hohe Canyons, einen 36 m tiefen Wasserfall und zahlreiche seitliche Verzweigungen. Die Höhlengänge lassen mit ihren meist schmalen und hohen Querschnitten auf eine relativ junge Enstehung entlang

Abb. 42: Hessische Höhlenforscher beim Freilegen der Erdbachschwinde am Ortsausgang von Breitscheid.

der Kalksteinklüfte schließen. Steilstufen, Engstellen und Wasserbecken haben die Arbeit der Höhlenforscher sehr erschwert. So benötigten sie allein für die ersten 300 m 2 Stunden reine Wegzeit.

An der Erdbachquelle im Steinbruch des Dorfes Erdbach wurden anschließend Tauchversuche unternommen. Man wollte in der Quelle dem Wasserstrom entgegentauchen, um so die Höhle von unten her zu erfoschen. Es stellte sich jedoch bald heraus, daß durch die Steinbrucharbeiten zahlreiche Felsblöcke von der Decke abgelöst waren und den wassergefüllten Höhlengang für Menschen unpassierbar gemacht hatten (aus 1).

Die hessischen Höhlenforscher wollen nun doch wieder vom Bacheinlauf her (Breitscheid) versuchen, weiter in das unterirdische System vorzudringen.

Im alten Erdbacher Steinbruch, in dem der Erdbach wieder ans Tageslicht kommt, befindet sich eine weitere Höhle, die jeder mit einer Taschenlampe befahren kann. Sie liegt im äußersten südöstlichen Bruchende und besitzt einen großen Eingang. Geologisch interessant ist hier, daß direkt über dem Höhleneingang, über dem verkarsteten Devonkalk, eine mächtige Schicht von vulkanischem Diabasgestein liegt. Die vulkanische Lava ist im Devon noch am Meeresgrund über die Kalke geflossen (vergl. Anhang: Eine Zeitrafferreise).

3.6 Die Große und Kleine Steinkammerhöhle bei Erdbach

Während die oben erwähnte Erdbachversickerung für Normalbürger unzugänglich ist, kann man mit einer guten Taschenlampe ausgerüstet die beiden Steinkammerhöhlen bei Erdbach besuchen.
Etwa 800 m südwestlich des ehemaligen Bahnhofs von Erdbach, am linken Hang (in Flußrichtung gesehen) des Rolsbachtals, befindet sich der Eingang zur Großen Steinkammer. Ein Wanderweg, der durch das Naturschutzgebiet „Erdbacher Höhlen" führt, geht direkt an beiden Höhlen vorbei (Karte Seite 104).
Der Eingangsbereich zur Großen Steinkammer wird durch große Versturzblöcke geprägt. Nach Nordwesten zweigt vom Hauptgang ein 15 m langer, lehmiger Gang ab, in dessen Decke sich eine stark mäandrierende Spalte befindet.
Der Eingang zur Kleinen Steinkammer mündet in einen 8 m langen Raum. Von diesem zweigt ein Schluf (Engstelle) ab, der blind endet. Über eine 1,5 m hohe Stufe kommt man in einen weiteren Gang, an dessen Ende sich eine 2. Tagesöffnung befindet.
Alle Höhlen um Breitscheid und Erdbach haben sich im devonischen Kalkgestein entwickelt. Es sind meist ehemalige Kalkriffe, die in geringer Wassertiefe entstanden sind (aus 1).
Information: Gemeindeverwaltung Breitscheid, Postfach 43, 6349 Breitscheid, Tel. 02777-404 (405).

3.7 Die Siegfriedhöhle

Zwischen Korbach und dem Ederstausee liegt an der B 252 Obernburg. Etwa 200 m südwestlich der Kirche von Obernburg, wenige Meter oberhalb der Straße, befindet sich die Siegfriedhöhle (auch Wichtelhöhle genannt).
Die Höhle ist der Bevölkerung seit langem bekannt. Sie hat sich an einer SW–NO-verlaufenden Kluft entwickelt und ist insgesamt 43 m lang (aus 1).
In diesem Gebiet – Naturpark Diemelsee – gibt es noch weitere kleine Höhlen, die auf der Wanderkarte „Naturpark Diemelsee" verzeichnet sind. Im Abschnitt „Geologische Wanderungen" wurde das oben beschriebene Gebiet ebenfalls behandelt (Anschrift und Tel. siehe dort).

3.8 Die Räuber-Heinz-Höhle

Fährt man auf der B 40 von Gelnhausen nach Steinau, so gelangt man zur Ausfahrt Wächtersbach. Man fährt nur wenige 100 m Richtung Wächtersbach. An der nächsten Abzweigung nach rechts liegt ein alter aufgelassener Steinbruch. In diesem Buntsandsteinbruch befindet sich die Höhle, bei der es sich um eine typische tektonische Höhle handelt. Sie liegt halb rechts oben (südlich) in der mit Gestrüpp bewachsenen Steinbruchwand. In halber Höhe der Steinbruchwand findet man den 1 m breiten und knapp 3 m hohen Eingang, dessen untere Hälfte vermauert ist.
Die Höhle ist 50 m lang und besitzt einen kluftartigen, etwa 1 m breiten Hauptgang, von dem gleich zu Anfang ein 10 m langer Seitenarm nach rechts abzweigt. Geht man den Hauptgang weiter, so knickt dieser nach 5 m scharf rechts ab. Etwa 1 m nach dem Knick geht wiederum rechts eine sehr enge Spalte nach unten in den unteren Teil der Höhle.
Die Räuber-Heinz-Höhle liegt im Buntsandstein und ist nicht durch chemische Lösungsvorgänge (Verkarstung) entstanden wie die anderen hier behandelten Höhlen, sondern dadurch, daß sich durch Erdkrustenbewegungen Spalten im Sandstein geöffnet haben. Man nennt diesen Vorgang *Tektonik,* es handelt sich also um eine tektonische Höhle (aus 1).

3.9 Höhlen im Werra-Meißner-Gebiet

Die Kammerbacher Höhle liegt etwa 7 km westlich von Bad Sooden-Allendorf (Kassel), westlich von Kammerbach und südöstlich von Hilgershausen. An der Straße von Kammerbach nach Dudenrode liegt nach einer Straßenkehre rechts das Restaurant „Forellenhof". Von hier aus wandert man über einen Feldweg geradewegs auf den Wald zu. Im Wald findet man nach etwa 200 m den Höhleneingang.
Die Höhle ist im Hauptdolomit des mittleren Zechstein entstanden. Ihr Eingang liegt unterhalb eines 30 m hohen Dolomitfelsens. Die Höhle ist ein einziger, 21 m breiter und 40 m langer Hohlraum, in dem sich auch ein kleiner Höhlensee befindet. Wie leider nicht anders zu erwarten, ist der kleine See mit allerlei Unrat verschmutzt.
Die Höhle gehört zu den ältesten, namentlich nachweisbaren Höhlen Deutschlands. Da das Gebiet um den Meißner die Heimat der Frau Holle sein soll, wurde die Höhle auch *Frau-Holle-Höhle* genannt. Später nannte man sie *Hohlsteinhöhle.* Kult und Sagen ranken sich um die Höhle. Zwei Bespiele seien hier genannt. So berichtet Landau (1842):

„In dieser Höhle wurde in uralter Zeit eine Gottheit verehrt, und noch heute hat sich der Gebrauch erhalten, dieser Gottheit Blumen zu opfern. Früher betrat niemand die Höhle ohne ein Blumenopfer, jetzt aber beschränkt sich dasselbe nur auf den dritten Ostertag. Alljährlich an diesem Tage zieht die erwachsene Jugend der nächsten Dörfer hierher und steigt, mit Blumen versehen, in die Höhle hinab; und nachdem die Blumen niedergelegt worden sind, wird von dem klaren kalten Quell getrunken und Wasser in Krüge gefüllt, um solches mit nach Hause zu nehmen." (aus 1)

Weber schreibt 1925: „Es ist ein alter Brauch, daß zu Ostern auf den vor dem Höhleneingang liegenden großen Steinblöcken von den Anwohnern oder deren Kindern Blumengaben niedergelegt werden. Auch zu anderen Zeiten findet man öfters diese Blumengaben niedergelegt. Dem Wasser des Höhlensees werden allerlei wunderbare Kräfte zugeschrieben. Wenn in der Osternacht zwischen 11 und 12 Uhr eine Jungfrau aus dem Höhlensee Wasser schöpft und sich mit diesem Wasser öfters abreibt, so bleibt sie immer schön. Jedoch darf sie auf dem Weg weder ein Wort sprechen noch einen Laut von sich geben, selbst wenn die größten Versuchungen dazu an sie herantreten. Man sagt, daß die Burschen besonders in dieser Nacht sehr aufmerksam sind und ihr Bestes tun, um den Mädels diese Bedingung zu erschweren." (aus 1)

Ein Stück unterhalb der Hohlsteinhöhle befindet sich ein Teich, um den sich eine Sage rankt:

Vor langer Zeit stritten sich die Bewohner von Hilgershausen darüber, wie tief wohl der Teich sei. Viele behaupteten, er habe gar keinen Grund; doch wurde das von anderen bezweifelt. Nun wollte man sich in dieser Frage Klarheit verschaffen: Die Leute von Hilgershausen transportierten einen Kahn herbei und brachten ihn auf dem Teich zu Wasser. Dann knüpften sie alle verfügbaren Seile zusammen und banden an das unterste Ende eine Pflugschar. In der Mitte des Teichs ließen sie dann dieses Gewicht hinab. Doch auch mit der ganzen Länge der Seile konnten sie die Tiefe nicht ausloten. Als sie schließlich die Pflugschar wieder heraufholten, war in das Eisen eingeritzt: „Wird dies noch einmal geschehen, dann muß Hilgershausen untergehen". Von diesem Tag an wagte niemand mehr, den Teich auf seine Tiefe zu prüfen (aus 2).

3.10 Die Hie- und Kripplöcher

Schon bei den geologischen Wanderungen wurde auf die Karstphänomene im Naturschutzgebiet der Hie- und Kripplöcher bei Frankershausen (Bad Sooden-Allendorf) hingewiesen. Die Kammerbacher Hohlsteinhöhle wurde schon beschrieben (siehe Karte Seite 88 und Abb. 27).

Bei den Hie- und Kripplöchern handelt es sich um zwei Gipskarstlandschaften, die von einer Talaue getrennt sind. In dieser Talaue entspringen die beiden Karstquellen Kressen- und Breitenborn, die bei der geomorphologischen Wanderung 2.9.5 (Führer von K. Möller) von Eltmannshausen nach Hundelshausen beschrieben wurden.

In beiden Gebieten findet man zahlreiche Einbrüche mit einer Tiefe bis zu 20 m und einem Durchmesser von 30–200 m. Der Gipsuntergrund ist hier zum Teil von Dolomitgesteinen (beide aus dem Zechstein) überdeckt. Hohlräume, die durch Verkarstung im Gips entstehen, lassen jedoch das darüberliegende Dolomit- oder Buntsandsteindach einbrechen. Dadurch entstehen steile Trichterwände, sogenannte *Dolinen* oder *Erdfälle.*

Am westlichen Rand des Naturschutzgebiets „Kripplöcher", etwa 500 m nordöstlich der Oberdorfer Mühle, befindet sich ein 7 mal 10 m großer Erdfall mit einer Holztafel. Auf ihr steht, daß hier am 1.7.1956 eine Doline mit lautem Krachen einbrach. Ein Kuhgespann, das sich gerade darüber befand, wurde 36 m mit in die Tiefe gerissen. Der Schacht war ursprünglich wesenlich kleiner und ist erst im Laufe der Zeit durch Nachbrechen der Seitenwände so groß geworden. Heute ist der Schacht nur noch knapp 10 m tief und für jeden zu besichtigen (Abb. 36).

4. Bergwerke

4.1 Die Grube Fortuna

Die Grube liegt nordwestlich von Wetzlar und nördlich von Oberbiel. Informationen erhält man vom Fremdenverkehrsverband Lahn-Dill, Kreishaus, 6330 Wetzlar, Tel. 06441-407 256.
Über Jahrhunderte hinweg war das Lahn-Dill-Gebiet bedeutend für den Eisenerzbergbau (vgl. Wanderung 2.5.3). Das Eisenerz war durch vulkanische Exhalationen am Grunde des Devonmeeres entstanden. 1983 wurde die Grube Fortuna als letztes hessisches Eisenbergwerk stillgelegt und später als Besucherbergwerk ausgebaut. Heute wird der Erzabbau mit Originalmaschinen vorgeführt, man kann an mehrstündigen geologischen Spezialführungen teilnehmen und eine Erdbebenmeßstation auf der 150-m-Sohle besuchen. Weiterhin befindet sich ein Bergbaumuseum im Zechenhaus.
Einen ausführlichen Sonderdruck mit zahlreichen alten Bildern erhält man beim Besucherbergwerk „Grube Fortuna", Tel. 06443-401, oder beim Förderverein „Besucherbergwerk Fortuna", Eselsberg 7, 6330 Wetzlar, Tel. 06441-47772, 9.00–12.00 Uhr.

4.2 Bergbaumuseum Weilburg

Vor über 100 Jahren lebten die Menschen im Lahn-Dill-Gebiet vorwiegend vom Bergbau. Noch Mitte der 30er Jahre wurden dort fast 50 Erzgruben betrieben. Heute ist keine Grube mehr in Betrieb.
Das Museum befindet sich im ehemaligen Herzoglichen Regierungsgebäude auf dem Schloßplatz und hat eine Ausstellungsfläche von 1200 m² in 3 Stockwerken.

Das Museum informiert über den Bergbau im Lahn-Dill-Gebiet, dem Westerwald und dem Vogelsberg. In einer Schaustollenanlage ist ein kleines Bergwerk originalgetreu nachgebaut. Man sieht den Erzabbau mit Bohr- und Sprenggeräten, Wurfschaufellader, und ein 40 m langer Stollen führt unter das Museum und den Schloßplatz. Nach Voranmeldung kann in kleinen Gruppen ein Tiefenstollen befahren werden.
Weitere Informationen: Heimat- und Bergbaumuseum, Schloßplatz 1, 6290 Weilburg/Lahn, Tel. 06471-31459. Lassen Sie sich folgende beiden Hefte zusenden: Museum & Schule 1988. Pädagogischer Leitfaden zur Einführung in die Themenbereiche „Eisenerzbergbau“ und „Eisenverhüttung“; Arbeitsheft und Textheft.

4.3 Schiefergrube Christine bei Willingen

Obwohl man in der Gemeinde Willingen seit Jahrhunderten wußte, daß man auf einem riesigen Schiefervorkommen saß, durften diese Bodenschätze lange Zeit nicht in vollem Maße genutzt werden. Das verhinderte die Bergbau- und Schieferordnung der waldeckischen Fürsten aus dem Jahr 1540.
So waren die Häuser in und um Willingen nur mit Stroh gedeckt, was letztlich 1847 zu einem Großbrand führte. Erst danach kam es zum Schieferabbau in größerem Umfang. Fast 100 Jahre fuhren die Bergleute in die Grube Christine ein, ehe sie 1971 stillgelegt wurde. Seitdem zeigt Willingen ein charakteristisches Bild: die mit blauschwarzem Schiefer gedeckten Häuser.
Die Schiefergrube Christine ist heute ein Besucherbergwerk. Der Rundgang unter Tage dauert etwa 50 Minuten. Der Besucher erfährt, wie im „schwebenden Kammerabbau“ Räume von unten nach oben bis zu 12 m lichter Weite in den Schiefer getrieben wurden. Schieferblöcke bis zu einem Gewicht von 5 Zentnern wurden auf flachen Wagen ans Tageslicht befördert. Dort wurden die Platten mit Diamantsägen und Spalteisen zerkleinert und auf Dachziegelformat gebracht.
Die Schiefergesteine stammen aus der Devonzeit und gehören zum varistischen Rheinischen Schiefergebirge.
Auskunft erteilt: Besucherbergwerk Schiefergrube Christine, Schwalefelder Str., 3542 Willingen, Tel.05632-6220 (69760).

4.4 Die Grube Gustav im Höllental

Östlich von Kassel und wenige Kilometer westlich von Eschwege liegt das Höllental zwischen Frankershausen und Albungen. Im Höllental, nahe Abterode, befindet sich die ausgeschilderte Grube Gustav (siehe Karte Seite 84 und Wanderung 2.9.5).

Seit dem 16. Jh. haben hier Bergleute den begehrten Kupferschiefer (Zechstein) gesucht. Die Mächtigkeit der Kupferschieferschicht ist im Zechstein meist weniger als 1 Meter, selten bis zu 6 Metern. Man kann sich vorstellen, wie schwierig es für die Bergleute war, unter Tage dieser metallführenden Tonschicht zu folgen. In der Grube Gustav wurde nicht nur Kupferschiefer, sondern später auch Schwerspat gefördert.

Mit Schlägel und Eisen wurden im Mittelalter 100 m lange Kriechstollen geschaffen und der Kupferschiefer ans Tageslicht gebracht (Abb. 43).

Zu Beginn des 20 Jh.s wurden mit modernen Geräten drei Tiefbausohlen angelegt.

Heute bekommt der Besucher einen Eindruck von der mühevollen Arbeit und kann Mineralien und Gesteine aus der Umgebung kennenlernen, die hier ausgestellt sind. Den kleinen Steingarten vor der Grube möchte ich an dieser Stelle besonders empfehlen.

Auskunft erteilt: Peter Hesse, Kupfergasse 2, 3447 Meißner 1, Tel. 05657-7233, oder das Besucherbergwerk: 05657-7500.

Wer Interesse hat, kann den Wild- und Erholungspark in Meißner-Germerode besuchen. In diesem Park finden sich fast alle heimischen Wildarten, ein Kinderspielplatz und Wanderwege.

Abb. 43: Original belassener Stollen aus dem Mittelalter in der Grube Gustav.

4.5 Das Salzmuseum in Bad Sooden-Allendorf

Das Salzmuseum befindet sich am Söder Tor/Rosenstr. 1–3 und ist mittwochs 15.00–18.00 Uhr und sonn- und feiertags 14.00–17.00 Uhr geöffnet. Es gibt Einblick in Salzgewinnung, alte Salzstraßen, Heilbadgeschichte. Außerdem sieht man einen Solebohrturm mit Salztisch und ein Solebadehaus.
Auskunft erteilt: H. Klepsch, Tel. 05652-2132.

4.6 Bergbaumuseum bei Herdorf-Sassenroth

Westlich der Sauerlandlinie A 45, wenige Kilometer südwestlich von Siegen, liegt der Kreis Altenkirchen. Hier befinden sich Herdorf und Sassenroth.
Seit etwa 2000 Jahren prägen Bergbau und Hüttenindustrie das Siegerland. Strukturelle Veränderungen in der Eisenindustrie haben Mitte der 60er Jahre dazu geführt, daß auch die letzten Eisenerzgruben schließen mußten.
Das Museum zeigt einen historischen Rückblick in die Bergbauzeit. Man sieht die 45 bedeutendsten Gruben und die Zentren des Bergbaus im Siegerland. Im Kellergeschoß wurde ein kleines Bergwerk nachgebaut. Im Dachgeschoß kann sich der Besucher über bergmännisches Geleucht und über Sprengmittel informieren. Im Freigelände vor dem Museum sind Exponate zu sehen aus den Bereichen „Verhüttung“ und „Fördergeräte“.
Auskunft erteilt: Herdorf-Sassenroth, Schulstr., 5243 Herdorf, Tel. 02744-6389.

4.7 Die Grube Bindweide

Unweit des oben beschriebenen Bergwerksmuseums befindet sich die Grube Bindweide. Sie liegt bei Steinebach, wenige Kilometer südwestlich von Siegen.
Die Grube befindet sich im devonischen Schiefer des Rheinischen Schiefergebirges. Es wurde Eisenglanz, Brauneisenstein und Spateisenstein abgebaut. Die Grube erreichte eine Gesamttäufe von 500 m, heute sind 1,3 km Stollen für den Besucher ausgebaut. Dabei können große Teile der Originalausbauten besichtigt werden.

Man fährt außerdem mit der Grubenbahn und kann farbenprächtige Mineralstufen, alte Pläne und Exponate sehen.
Auskunft erteilt: Gemeindeverwaltung Gebhardshain, Postfach 40, 5241 Gebhardshain, Tel. 02747-2011.

4.8 Die Grube Christine bei Korbach

Etwa 1,5 km nördlich von Adorf bei Korbach befindet sich das Besucherbergwerk „Grube Christine". Diese Eisenerzgrube wurde 1963 stillgelegt und zwischen 1984 und 1986 zum Schaubergwerk ausgebaut. Die Führung dauert ca. 90 Minuten, und man legt eine Strecke von 1,2 km unter der Erde zurück.
Wenige hundert Meter nördlich des Bergwerks befindet sich rechts der Straße ein schöner Diabassteinbruch (siehe Kap. 2.6).
Auskunft: Gemeindeverwaltung, Am Kahlenberg 1, 3543 Diemelsee-Adorf, Tel. 05633-873. Öffnungszeiten: April bis Oktober und nach Vereinbarung.

5. Wanderungen zu archäologischen Denkmälern in Hessen

Im letzten Kapitel dieses Wanderbuchs wollen wir uns einige interessante Überreste unserer Vorfahren ansehen. Die einzelnen Lokalitäten werden beschrieben und sind auf einer normalen Generalkarte 1:200.000 zu finden. Bei schwer zu findenden Denkmälern ist jeweils noch eine topographische Karte abgedruckt, auf der die betreffenden Objekte eingetragen sind.
Wissen sollte man jedoch, daß die meisten vor- und frühgeschichtlichen Überreste nicht mehr als spektakuläre Bauten oder Ringwälle zu sehen sind. Die Erosion oder einfach der Steinraub durch Menschen haben die Bauwerke stark verändert. So muß man heute schon mit etwas Phantasie an die Sache herangehen, um sich z.B. aus einem steileren Wall eine ehemalige Ringmauer oder aus Grundmauerresten eine ehemalige mittelalterliche Burg vorzustellen.
Die hier aufgeführten Lokalitäten können erwandert werden. Dabei ist eine sinnvolle Zusammenstellung der Wanderung jedem selbst überlassen.
Bilder, topographische Karten und Textauszüge sind mit freundlicher Genehmigung den Blättern: „Archäologische Denkmäler in Hessen" entnommen. Diese Blätter kosten pro Stück ca. 3.-DM und können telefonisch oder schriftlich bestellt werden beim:

Landesamt für Denkmalpflege in Hessen
Abt. Vor- und Frühgeschichte
Schloß Biebrich - Ostflügel
6200 Wiesbaden
Tel. 06121/65071 oder 65074

Diese Führungsblätter enthalten ausführlichere Darstellungen und Literaturhinweise, als sie im Rahmen dieses Buches gegeben werden können. Die hier vorgestellten archäologischen Denkmäler sind nur ein Auszug aus dem Gesamtangebot, das man in Wiesbaden einholen kann.
Der Wanderer wird gebeten, Funde oder Beobachtungen möglichst umgehend an das Landesamt zu melden. Die Wissenschaftler sind häufig auf solche Hilfen angewiesen, da sie leider allzuoft nur auf spärliches Material zurückgreifen können.

5.1 Glashütten im Kaufunger Wald

Der Kaufunger Wald liegt in der zertalten Buntsandsteinlandschaft östlich von Kassel. Im 16. Jh. war dort zeitweilig das Zentrum der europäischen Glasherstellung mit Großalmerode als Sitz des Hessischen Gläsnerbundes und zahlreichen Hütten inmitten des großen geschlossenen Waldgebiets.
Die Glasmacherei versorgte auch zahlreiche hessische Bauten der Renaissancezeit mit Fensterglas und die Haushaltungen mit Gebrauchsgläsern.
Erst vor wenigen Jahren wurden im Kaufunger Wald planmäßig Hüttenstandorte aufgesucht und mit Ausgrabungen begonnen. Die inzwischen bekannteste und auch freigelegte Hütte läßt sich heute auf einem reizvollen Wanderweg entlang des Niestebaches erreichen – die Niestehütte (Abb. 44).
Man parkt etwa 2 km östlich von Nieste an der Straße Nieste–Kleinalmerode auf einem ausgeschilderten Parkplatz. Ein Wanderweg führt über einen Steg zum Eingang des Niestetales. Auf dessen S-Seite folgt man dem Fernwanderweg X7 (Herkulesweg) ca. 2,5 km talaufwärts bis zur Einmündung der Dürren Nieste in die Nieste. Im Winkel zwischen den beiden Bächen liegt auf einer Waldwiese die Ausgrabung der Glashütte.
Der Bereich der Glashütte besitzt einen Durchmesser von etwa 70 m. Westlich an dieses Areal schließen weitere erkennbare Reste des Hüttengeländes an, über deren

Abb. 44: Ausgrabungsarbeiten an der Niestehütte im Kaufunger Wald.

einstige Nutzung bisher keine Erkenntnisse vorliegen. Es könnte sich jedoch um ehemalige Unterkünfte für Hüttenarbeiter gehandelt haben. Die Blütezeit der Glashütten im Niestegebiet zog sich durch das gesamte 16.Jh. Gegen Ende dieses Jahrhunderts ging die Glasmacherei im Kaufunger Wald ihrem Ende zu.
Die Niestehütte bestand, soweit man heute weiß, bis Ende des 17. Jahrhunderts. Sie war wahrscheinlich nicht auf besonders aufwendige Gläser spezialisiert, sondern lieferte ein breites Spektrum von Erzeugnissen, unter denen auch Laborgläser und Emailgläser für den landgräflichen Hof waren.
Bei den Ausgrabungen fand man Reste von Öfen, Glasschmelztiegel, Holzkohle, Werkzeuge, Glasfragmente, Auskleidung und Wärmeisolation von Öfen sowie farbigen Glasausfluß. Die Gesamtanlage bildete wahrscheinlich eine Kombination aus Schmelz- und Kühlofen und ist eine Konstruktion aus Buntsandstein, der mit Lehm ausgekleidet und ummantelt war. Die mit Buntsandsteinen gefaßte Feuerungskammer besitzt eine länglich-ovale Form, ist 3,6 m lang und 1,8 m breit.
Besuchen Sie das Glas- und Keramikmuseum Großalmerode, Kleiner Kirchrain 3; Öffnungszeiten Mai-Nov. Mi.+Do. 14-16 h und So.14-17 h (Tel. 05604-5865).

5.2 Steinkammergrab und Johanneskirche bei Fritzlar

Züschen erreicht man über die A 49, Abfahrt Fritzlar-Nord, der Ort liegt etwa 5 km nördlich von Fritzlar (südlich Kassel). Das Steinkammergrab befindet sich ca. 700 m östlich von Züschen. Die Zufahrt ist ausgeschildert, das Grab ist heute überdacht (siehe Karte Seite 118).
Eine schöne Wanderung, die man sich anhand der Karte am besten selbst erarbeitet, führt ca. 4 km weiter nach SW zum 332 m hohen Johanneskirchenkopf mit der gleichnamigen Kirchenruine (NO-Seite, Zugang beschildert).
Das Steinkammergrab stammt aus dem 3. Jahrtausend v. Chr. Es ist 20 m lang und 3,5 m breit (Abb. 45). Die in den Boden eingetiefte Grabkammer ist aus großen rechteckigen Sandsteinplatten gebaut. Dieses Gestein steht erst an der anderen Talseite an, mußte also damals hier herüber geschafft worden sein. Wahrscheinlich wurden Rampen und Rollen dafür verwendet, was eine nicht unerhebliche technische Leistung darstellte. Die Grabkammer ist mit einer Steinplatte auf der Längsseite abgeschlossen, die ein rundes Eingangsloch besitzt, durch das hindurch die Toten bestattet wurden. Die Begräbnisstätte hat wahrscheinlich nur einer kleinen Siedlungsgemeinschaft gehört. Im Inneren des Grabes fand man 27 durcheinandergeworfene menschliche Skelette. Die Toten wiesen kaum Grabbeigaben auf.
Die in Züschen gefundene Grabform ist typisch für die damaligen mitteleuropäischen Siedlungsformen und wurde auch in Westfalen, Südniedersachsen und Mitteldeutschland gefunden. Sie ist auch aus dem Pariser Raum bekannt.

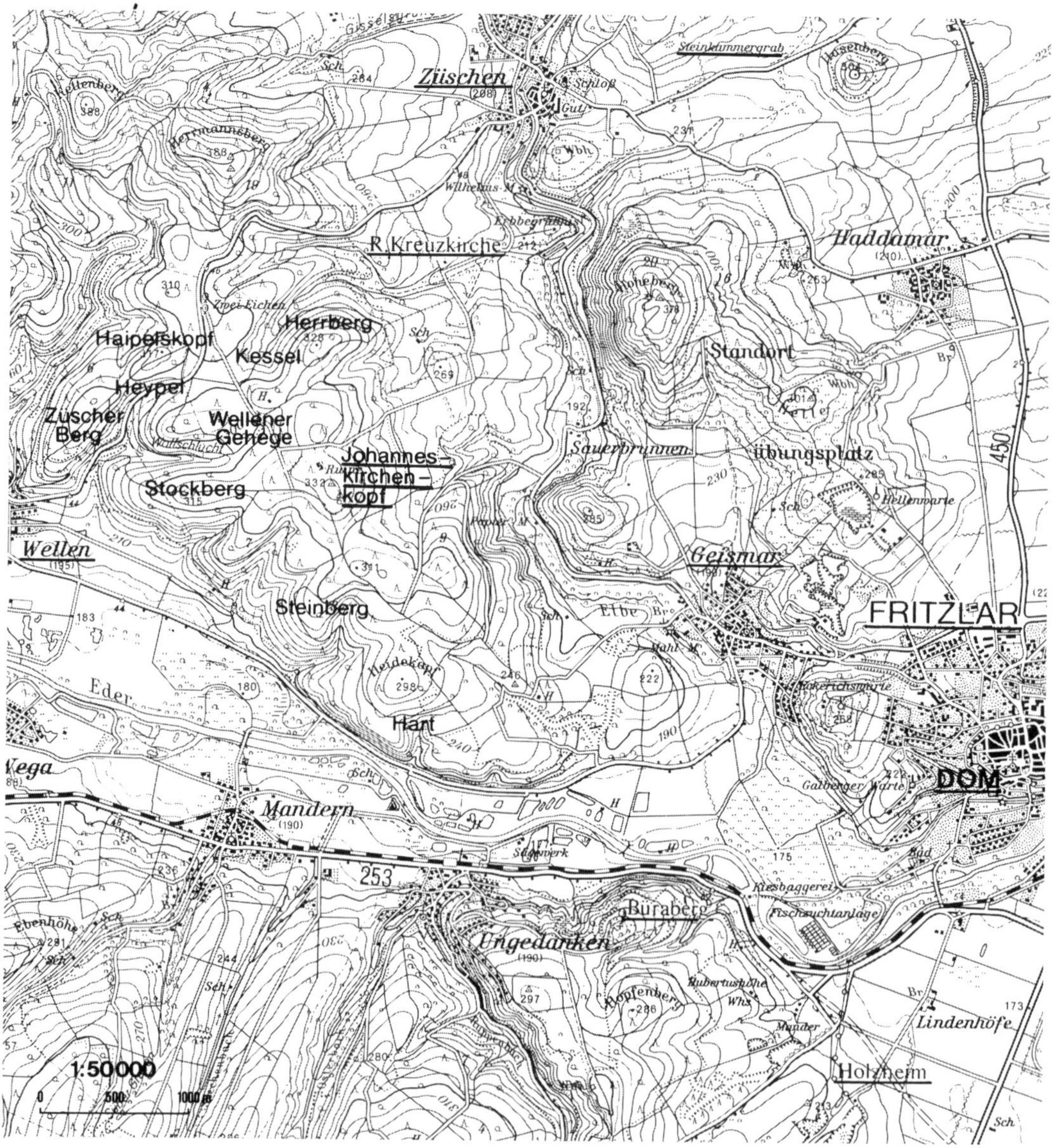
Züschen
(208)
Schloß
Steinkammergrab
Hasenberg
Herrmannsberg
Wilhelms-M.
R. Kreuzkirche
Haddamar
(210)
Zwei Eichen
Herrberg
Haipelskopf
Kessel
Heypel
Zuscher Berg
Wellener Gehege
Standort
Sauerbrunnen
übungsplatz
Johannes-kirchen-kopf
Stockberg
Hellenwarte
450
Wellen
(195)
Geismar
Steinberg
Elbe
FRITZLAR
Heidekopf
Eder
Hart
Vega
Mandern
(190)
DOM
Galberger Warte
Sägewerk
253
Kiesbaggerei
Buraberg
Fischzuchtanlage
Ungedanken
(190)
Hopfenberg
Hubertushöhe
Whs
Lindenhöfe
Holzheim
1:50000
0
500
1000 m

Abb. 45: Das Steinkammergrab bei Züschen.

Die Kirche am Johanneskirchenkopf gehört wahrscheinlich zu einer Wüstung, die über 1200 Jahre alt ist – soweit es sich zumindest aus den heute vorhandenen Dokumenten ableiten läßt.
In diesem malerischen Wald soll 732 n. Chr. Bonifatius die Donareiche gefällt haben, um den dort lebenden Germanen zu beweisen, daß ihr Glaube an den Donnergott nicht der wahre Glaube sei. Wie jeder sicherlich noch aus der Schule weiß, hat danach kein Gewitter eingesetzt, was als Rache des Gottes Donar von den Germanen vorhergesagt war. Aus den Resten der Eiche soll Bonifatius dann ein dem Apostel Paulus geweihtes Bethaus errichtet haben. Wahrscheinlich ist die Johanneskirche hieraus hervorgegangen. Die Volkssage basiert auf einem Bericht des Bonifatius-Biographen Willibald (768).
Es gab in den vergangenen Jahrzehnten einen lang andauernden Streit um die genaue Lokalisierung der besagten Eiche. Für den Johanneskirchenkopf sprechen Volksglaube und die Lage der Kirche. Für den Standort Fritzlar sprechen die seit 732 erwähnte Peterskirche sowie der langgehegte Brauch, alljährlich vor dem Fritzlarer Dom ein Baumfest zur Erinnerung an die Donareiche zu feiern.
Heute sieht man im Wald die freigelegten Innenmauern der Johanneskirche, einen aufgemauerten Brunnen, den versumpften Dorfteich sowie einen Hausgrundriß aus der dazugehörigen Wüstung, deren ursprünglicher Name Hayn gewesen sein dürfte.
Grabfunde sind in der staatlichen Kunstsammlung in Kassel, Abt. Vor- und Frühgeschichte, zu sehen.

5.3 Die Schwalenburg (Willingen)

Westlich von Korbach (Ederstausee) liegt an der B 251 Willingen, 2 km nördlich von Willingen Schwalefeld. In diesem Dorf beginnt gegenüber dem Friedhof und der neuen Kirche ein Weg zum 654 m hohen Hegeberg, der aus Tonschiefer besteht. Nach Süden ist der Hegeberg durch einen Sattel mit der 630 m hohen Schwalenburg verbunden.
Die Befestigung der Schwalenburg besteht aus 3 Wallringen, umschließt eine Fläche von 6 ha und gehört zu den eindrucksvollsten frühgeschichtlichen Befestigungen Mitteleuropas (Abb. 46). Der älteste Teil der Anlage ist zweifellos der mittlere

Abb. 46: Die Schwalenburg bei Willingen.

Abb. 47: Schaubild einer möglichen Rekonstruktion der Toranlage im Nordosten des mittleren Beringes. Die Außenmauern biegen scharf zurück und bilden zwischen den ebenfalls zurückbiegenden Grabenenden eine schmale Zufahrt zum eigentlichen Tor, über dem ein Turm anzunehmen ist (Skizze Dieter Wolf).

Bering, der eine Fläche von 2 ha einschließt. Er hat eine annähernd ovale Form und erscheint heute als mächtiger Wall mit vorgelagertem Graben. Die Westseite des mittleren Walls ist im Zuge der Errichtung des inneren und des daran anschließenden äußeren Berings aufgegeben worden.
Im Nordosten des mittleren Berings liegt eine mächtige Toranlage, bei der die Wallenden mit den vorgelagerten Gräben ein großes Stück nach innen umbiegen. So konnten Eindringlinge von zwei Seiten unter Beschuß genommen werden. Ein weiteres Tor befindet sich im Süden des Berings (Abb. 47).
Der innere Wall ist fast kreisrund und hat einen Durchmesser von 75–90 m. Im Südosten des inneren Walls befindet sich eine steilwandige Grube, bei der es sich um eine Zisterne, einen Brunnen oder den Keller eines Turms gehandelt haben könnte.
Aufgrund der fehlenden Funde ist die Altersstellung der Schwalenburg in das frühe Mittelalter (8.–10.Jh.) unsicher. Sie könnte durchaus auch zur vorrömischen Eisenzeit gerechnet werden.

5.4 Die Burg Eisenberg bei Goldhausen

Etwa 5 km südwestlich von Korbach liegt Goldhausen mit dem 562 m hohen Eisenberg (Naturschutzgebiet Diemelsee, siehe 2.6).

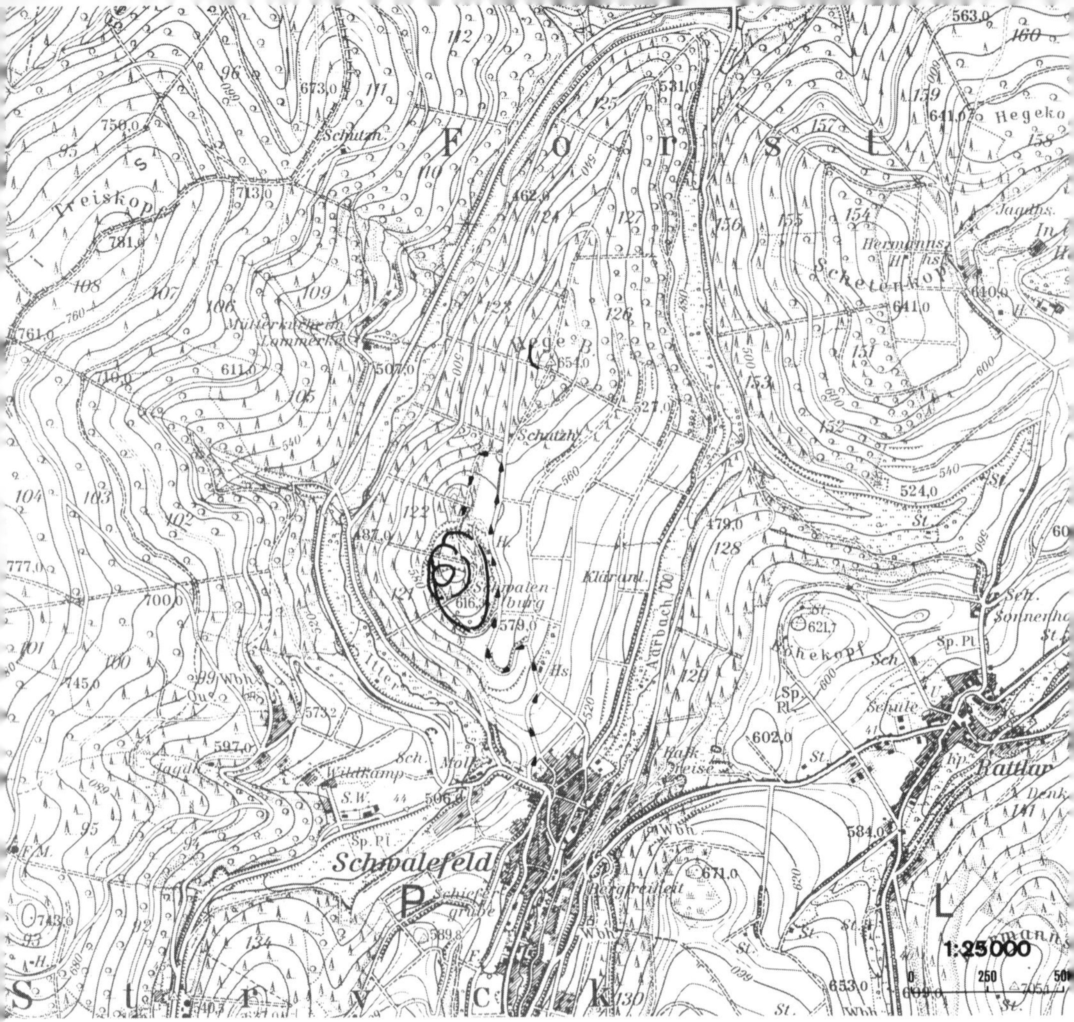

Die topographische Lage der Schwalenburg und des Walles auf dem Hegeberg mit Zufahrtsweg.

Der Eisenberg besteht aus etwa 300 Mio. Jahre alten Meeressedimenten, wie Schwarzschiefern, Kieselschiefern und Kieselkalken (Aufschlüsse an der Burgruine, vgl. Abb. 18). Am Ostfuß des Berges endet das Rheinische Schiefergebirge mit einer N–S-Verwerfung und grenzt damit an die Hessische Senke, die aus Buntsandstein und verschiedenen Gesteinen aus der Zechsteinzeit (Konglomerate, Kupferschiefer, Salze, Dolomit) besteht.

Wahrscheinlich schon im 10. Jahrhundert fand man am Eisenberg Gold. Man wusch dieses Gold aus dem Gebirgsschutt der Berghänge. Dann folgte im 13.–14. Jh. ein reger Tagebau auf Gold, der bis zu 8 m tief in das feste Gestein reichte. An-

Abb. 48:
Blick vom Georg-Viktor-Turm auf die Grundmauern der Burg Eisenberg.

schließend wurden sogar unterirdische Stollen angelegt. Erst kurz vor dem 30jährigen Krieg endete die Goldgewinnung.
Eine nicht mehr näher bestimmbare vorgeschichtliche Befestigungsanlage ist der Ringwall, der unmittelbar östlich der Burg Eisenberg liegt.
Die volkstümlich „Königsburg" oder „Fürstenstuhl" (ca. 13.–14. Jh.) genannte starke Abschnittsburg im Norden ist mit großer Wahrscheinlichkeit der Vorläufer der späteren Burg Eisenberg.
Die nur noch schwer sichtbare Wallanlage am Südostrand von Goldhausen könnte eine mittelalterliche Wehranlage gewesen sein, die direkt mit dem gleichaltrigen Goldbergbau im Zusammenhang stand.
Die restaurierten Grundmauern sind vom nahegelegenen Georg-Viktor-Turm aus gut zu überblicken. Dort findet man auch eine Führungstafel mit weiteren Erläuterungen (Abb. 48).

5.5 Die Ringwallanlage am Dünsberg

Der markant aufragende Dünsberg liegt etwa 12 km nordöstlich von Wetzlar. Man parkt am besten an der Straße Frankenbach – Fellingshausen gegenüber dem Abzweig nach Krumbach (Karte Seite 125).

Aufgebaut ist der 498 m hohe Dünsberg aus Kieselschiefer (ca. 350 Mio. Jahre alt). 3 Ringwälle – Überreste verfallener Mauern – umziehen in verschiedenen Höhen den Berg. Es ist bisher nicht erforscht, wie die Mauern der Wehranlage wirklich konstruiert waren. Sicher ist nur, daß es Holz-Stein-Erde-Mauern waren. Sicherlich sind sie im Laufe der Jahrhunderte, von der späten Bronzezeit (8. Jh. v. Chr.) über die spätkeltische Zeit (2.–1. Jh. v. Chr.) bis in alamannische Zeit (5. Jh. n. Chr.) in verschiedener Art, jeweils nach dem Stand der Wehrtechnik immer wieder umgebaut worden. Holzpfähle und breite Innenrampen stützten die Mauern, die nach außen, also zum Feind zu, 6 m senkrecht in die Höhe gingen.

Der Plan des Dünsbergs läßt verschiedene Entwicklungen der Ringwälle erkennen. Der innere Wall ist dabei der älteste (s. Karte mit Wanderpfad).

Das Oppidum ist eine spätkeltische Stadtanlage, die Hauptort von Stämmen war und in denen sich Verwaltung, Handel, Münzprägung, Gewerbe und Religion konzentriert hatten.

Interessant sind die gefundenen Wasserreservoirs im äußeren Wall. Es handelt sich um Holzbassins von über 13 m Länge und über 4 m Breite. Aufgrund der Funde vermutet man, daß die Anlage nicht dauerhaft besiedelt war. Das Ende der Hauptanlage dürfte wahrscheinlich durch eine Zerstörung römischer Truppen im Zusammenhang mit dem Feldzug des Drusus in den Jahren 11/10 v. Chr. gekommen sein.

Ein mit zahlreichen Informationstafeln versehener archäologischer Wanderweg führt durch die gesamte Anlage. Er beginnt an dem oben beschriebenen Parkplatz.

Wer danach noch etwas Zeit hat, fährt nach Marburg. Dort im Neuen Botanischen Garten der Philipps-Universität auf den Lahnbergen findet man hervorragend restaurierte Grabanlagen der späten Bronzezeit.

In der speziell angelegten archäologischen Zone kann man mit Faszination unsere heimische Vorgeschichte erleben. Erläuterungstafeln geben uns Auskunft über die Bestattungssitten während der Urnenfelderzeit (etwa 1000 v. Chr.) und zeigen einzelne Grabanlagen. Die Toten wurden damals übrigens verbrannt und ihr Leichenbrand in Urnen aufbewahrt.

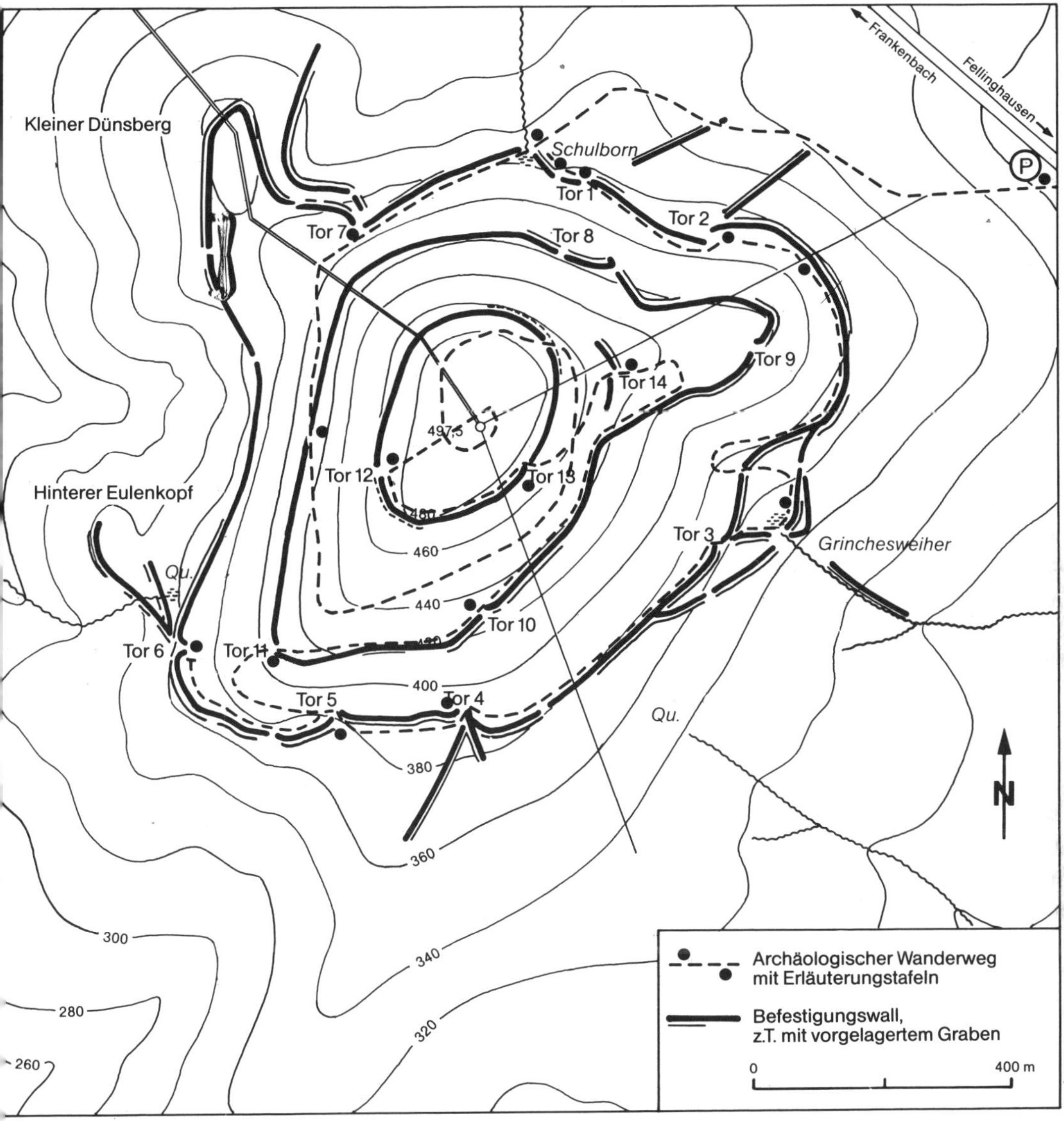

Die Ringwallanlage am Dünsberg bei Wetzlar.

5.6 Die Milseburg

Etwa 20 km östlich von Fulda (an der A 7), nahe des Dorfes Kleinsassen, liegt die Milseburg auf einer 835 m hohen Phonolithkuppe in der Rhön (vgl. 2.8).
Sie ist die größte und bedeutendste Ringwallanlage innerhalb des Rhöngebiets. Die reichhaltigen Funde lassen auf eine intensive Dauerbesiedlung schließen. Mit Recht darf sie als ein spätkeltisches Oppidum, eine jener bei Caesar beschriebenen stadtartigen Anlagen angesprochen werden, die hier im Übergangsbereich zwischen Kelten und Germanen einen Mittelpunkt für den umliegenden Siedlungsraum darstellten. Es ist bislang jedoch ungeklärt, welchem der beiden Kulturvölker die Bevölkerung ethnisch näher stand. Die Funde werden im Landesmuseum Kassel und im Vonderau-Museum Fulda aufbewahrt; darunter auch eine bronzene Lanzenspitze aus der Urnenfelderzeit (ca. 12.–18. Jh. v. Chr.) sowie eine Scherbe der Schnurkeramik (ca. 2500–1800 v. Chr.), die belegen, daß der Berg auch schon in früherer Zeit aufgesucht worden war.
Die stärkste Befestigung der Milseburg war ein Steinwall, der die Nord-, Ost- und Südseite des Berges an seinem Fuße umzieht und eine Fläche von 32,5 ha umschließt. Er wurde bereits 1870 von dem Forscher R. Virchow (1821–1902) entdeckt.
Leider wurde der historische Wall auch später noch für eine moderne Ackergrenze gehalten und so 1896 beim Bau der Eisenbahn in seinem Nordabschnitt fast gänzlich abgetragen.
Der etwa 1300 m lange Wall beginnt im Norden in der Geröllhalde des Kälberhutsteins, biegt im Bogen nach Süden um und umrundet, etwa 50–75 m vom Bergfuß entfernt, die ganze Ostseite der Phonolithkuppe. Im Süden nähert sich der Wall wieder dem Berg und läuft in der hier ansteigenden Blockhalde aus. Die 3 Tore lagen auf der NO-, O- und S-Seite. Sie sind zum Teil nicht mehr zu sehen.
Beobachtungen von Ch. L. Thomas (1848–1913) am Hauptwall haben gezeigt, daß es sich hier um eine ehemals etwa 4 m breite Trockenmauer aus Phonolithgestein mit senkrechten Pfostenschlitzen gehandelt hat. Die Pfosten standen parallel auf der Innen- und Außenseite der Mauer und waren durch horizontale Balken verbunden. Dadurch erhielt die Mauer Stabilität.
Eine weitere, innere Befestigungslinie verläuft am Rande des 450 m langen und 275 m breiten, nach Westen hängenden Plateaus. Die natürlichen Gegebenheiten waren so günstig, daß die Mauer nur an wenigen Stellen einer Verstärkung durch zusätzliches Mauerwerk bedurfte.
Durch mehrere Quellen innerhalb der Wehranlagen war die Wasserversorgung gesichert. Nahe der Quellen und auf den Terrassen des Plateaus hat man zahlreiche Siedlungsspuren gefunden.

Die Grabungsfunde umfassen Eisengegenstände und mehrere Zentner Siedlungskeramik, die zeigen, daß die Milseburg von der Spät-Hallstatt-Zeit/Früh-Latène-Zeit im 6./5. Jh. v. Chr. bis in die Spät-Latène-Zeit im 1. Jh. v. Chr. besiedelt war. Um die Milseburg führt ein prähistorischer Lehrpfad mit Erläuterungstafeln. Die Zufahrt ist ausgeschildert.

5.7 Die eisenzeitlichen Ringwälle auf Stall- und Kleinberg (Hünfeld/Rhön)

Zugang zum Stallberg: Von der A 7, Abfahrt Fulda-Nord, fährt man auf der B 27 nach Hünfeld, von Hünfeld aus auf der B 84 Richtung Rasdorf. Etwa 7 km nordöstlich von Hünfeld zweigt eine kleine Straße nach Großentaft ab. Nach etwa 700 m findet man westlich der Straße einen mit Schutzhütte und Spielplatz ausgerüsteten Parkplatz. Von hier geht ein geschotterter Weg nach Westen zum 553 m hohen Stallberg. Der gesamte Weg ist ab dem Parkplatz mit diesen Zeichen markiert: ⟨ oder ⟩ oder ein weißes x.

Der Kleinberg liegt Luftlinie 3 km nordöstlich des Stallbergs, man kann ihn problemlos erwandern, am besten nach der topographischen Karte (Seite 128). Erwähnenswert ist noch der Morsberg (Mauersberg), der unmittelbar östlich des oben beschriebenen Parkplatzes, also auf der Ostseite der Straße, anschließt.

Der Stallberg ist – geologisch betrachtet – ein junger, weithin sichtbarer Basaltkegel. 3 kleinere Grabhügelgruppen liegen auf halber Höhe des Stallbergs im Osten südlich des Waldparkplatzes, im Nordwesten im Sattel zum Appelsberg und im Südwesten. Sie gehören zur Gruppe der Hügelgräber-Bronzezeit und haben gewöhnlich einen Steinkern, in dem der Bestattete liegt, sowie einen Steinkranz. Diese Grabhügel haben nichts mit der Befestigung auf dem Stallberg zu tun.

Der Stallberg wird von einem Steinwall umzogen. Der knapp 900 m lange Wall, der überall aus dem Basaltgestein besteht, umschließt eine unregelmäßig ovale Fläche von ca. 6 ha. Er wird im Südosten von jüngeren Wegrampen durchbrochen. Der ursprüngliche Zugang erfolgte wohl von NW. Eine leicht versetzte Wallführung deutet auf ein altes Tor hin. Im Westen und Süden wird der Wall von einem ausgedehnten Blockfeld begleitet.

Auf der Südwestseite ist die Außenfront des Walls auf mehrere Meter Länge freigelegt. Hier sieht man, daß Basaltsäulen quer zur Wallrichtung gelegt wurden und so eine 4 m dicke Mauer bildeten (Abb. 49, heute kaum mehr sichtbar). Diese Anlage gehört vermutlich in die vorrömische Eisenzeit, etwa 600 Jahre v. Chr.

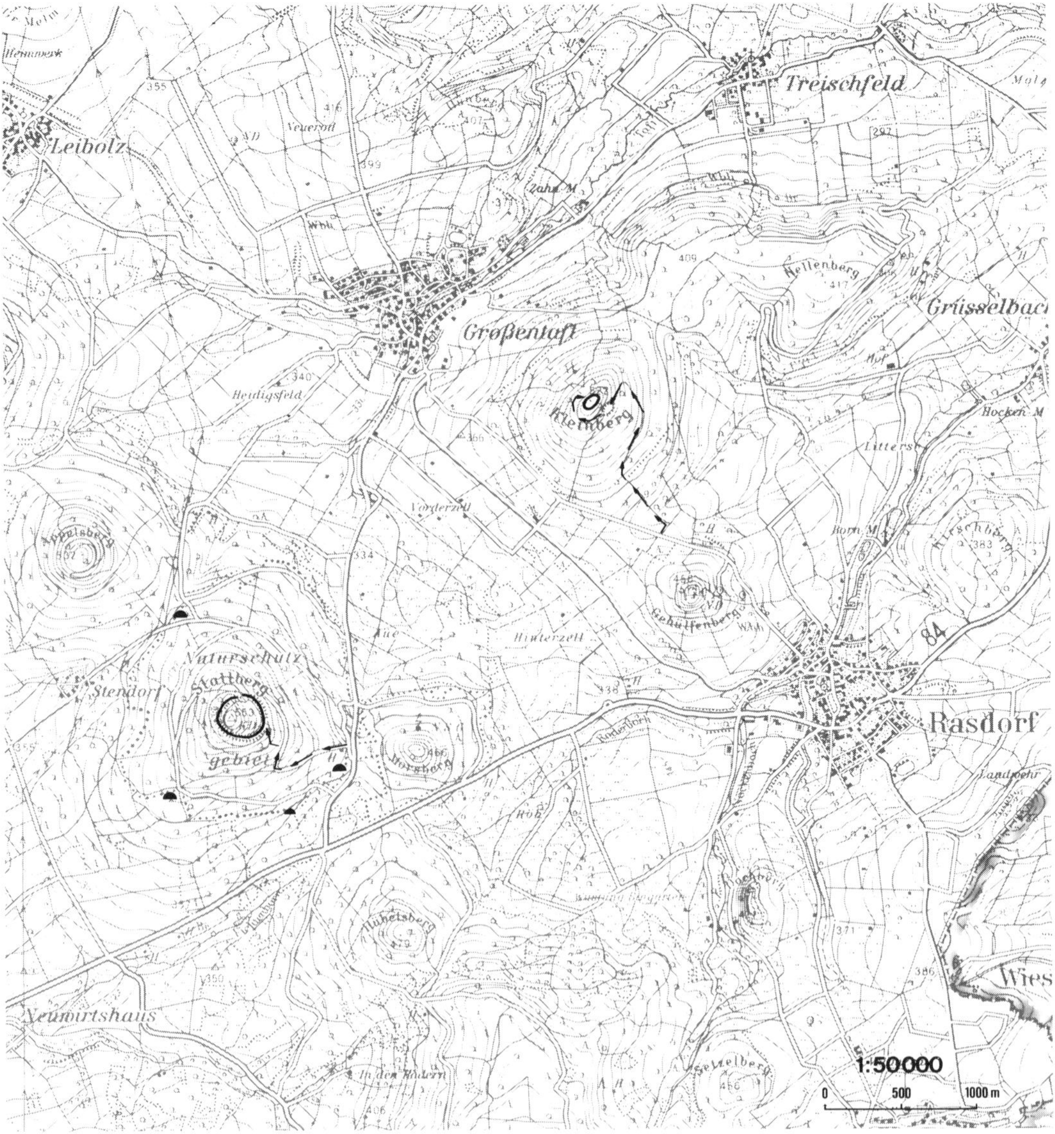

Leibolz
Treischfeld
Großentaft
Nellenberg
417
409
Grüsselbac
Heiligsfeld
340
Appelsberg
Vorderzell
334
Hocken M
Litters
Born M
Kirschberg
383
Hinterzell
84
Naturschutz
Stallberg
gebiet
Stendorf
Rasdorf
Landwehr
Neuwirtshaus
371
386
Wies
350
406
1:50000
0
500
1000 m

Abb. 49: Basaltsäulen bilden die 4 m dicke Mauer des Ringwalls am Stallberg.

Die Ringwallanlage auf der Kuppe des Kleinbergs ist leider noch mehr zerfallen als die des Stallbergs. Sie dürfte zeitlich jedoch ebenfalls zur vorrömischen Eisenzeit gehört haben. Die Grauwackengesteine des Kleinbergs bilden am Gipfel ein kleines, etwa 60 mal 20 m großes Plateau, das unterhalb der Klippen von einem 80 m langen Steinwall umzogen wird. Die befestigte Fläche ist etwa 1 ha.
Der Morsberg (Mauersberg) trägt Reste einer mittelalterlichen Burg. Die Herren von Morsberg besaßen von 1212–1456 zeitweise die Vogteirechte des Rasdorfer Stifts.

5.8 Die Wasserburg Friedewald

Im Jahr 1003 übertrug König Heinrich II. dem Kloster Hersfeld, das im 8. Jh. gegründet worden war und bis dahin meist Streubesitz in entfernteren Gebieten erworben hatte, einen großen, als Eherinevirst bezeichneten Wildbannbezirk rund um das Kloster. Damit stand künftig allein dem Abt das Recht der Jagd und der gerichtlichen Verfolgung von Jagdfrevel in dem geschlossenen Gebiet zu.
In der Folgezeit wurde in dem bis dahin kaum besiedelten Waldgebiet eine größere Anzahl von Dörfern gegründet (Karte Seite 130). Zugleich hatte das Kloster die Kontrolle über mehrere wichtige Fernstraßen erhalten, die den Landrücken zwischen Fulda und Werra querten und sich im Raum Friedewald kreuzten. Eine davon

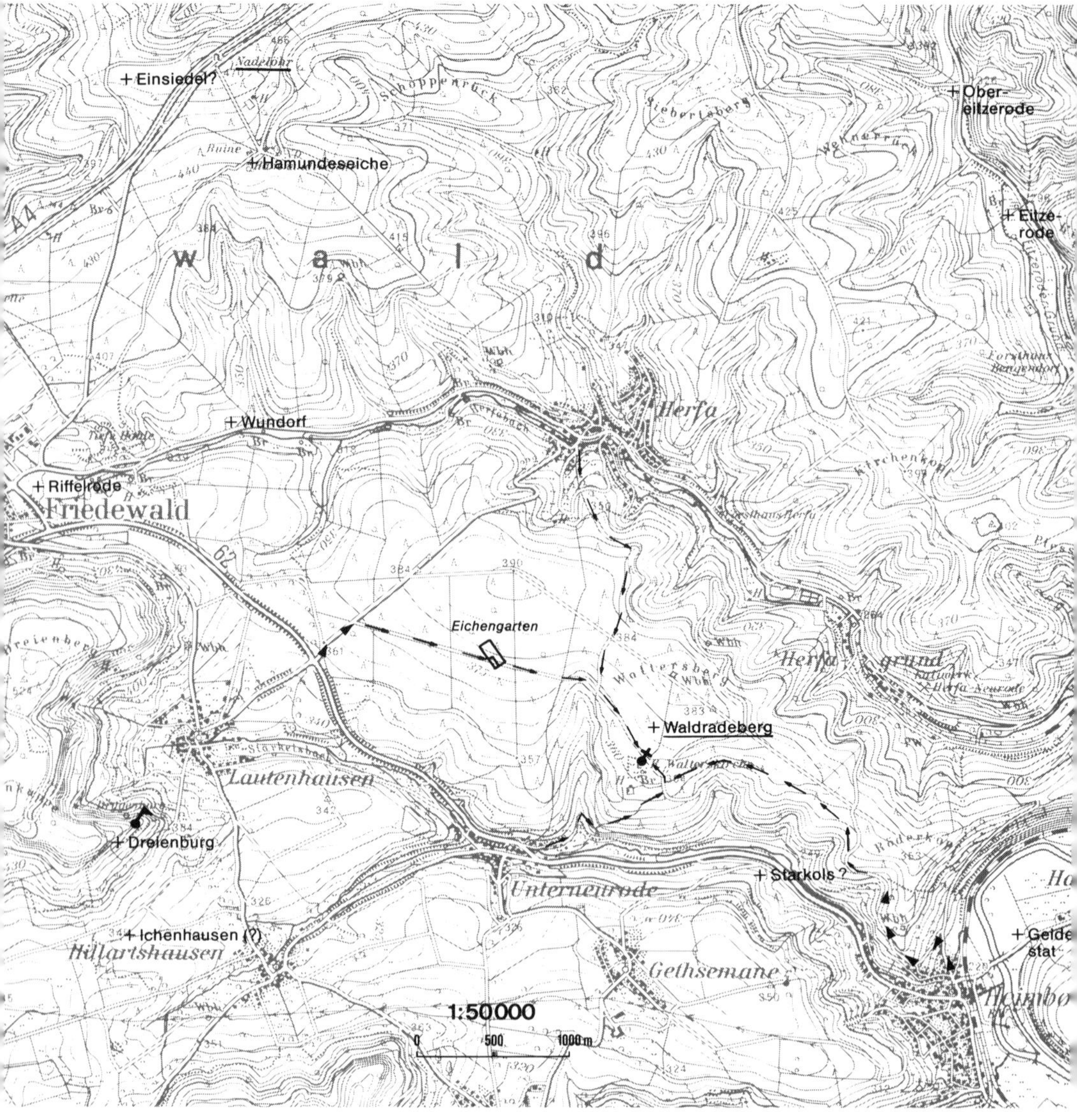

+ Einsiedel?
+ Hamundeseiche
+ Ober-
eitzerode
+ Eitze-
rode
w a l d
+ Wundorf
Herfa
+ Riffelrode
Friedewald
Eichengarten
+ Waldradeberg
Lautenhausen
+ Dreienburg
+ Starkols ?
Unterneurode
+ Ichenhausen (?)
Hillartshausen
Gethsemane
+ Gelde-
stat
1:50000
0 500 1000 m

Abb. 50: Rekonstruktionszeichnung der Wasserburg in Friedewald.

ging von Hersfeld über den Kamm des Seulingswaldes nach Berka und weiter nach Thüringen – genannt „die kurze Hessen".

Zur Überwachung der Straße wurde die Burg Friedewald gegründet und im Laufe der Zeit in mehreren Bauabschnitten zu einer stattlichen Festung umgewandelt. Im Laufe des 16. Jh.s wurde Friedewald zum beliebtesten Aufenthaltsort der hessischen Landgrafen, und die Wasserburg wurde zum Ort politischer Gespräche und Verhandlungen auf höchster Ebene. Im Dreißigjährigen Krieg wechselte die Burg mehrfach den Besitzer, blieb jedoch unzerstört (Abb. 50).

Im Gegensatz zu hochmittelalterlichen Befestigungen war diese Anlage schon ganz auf die Bedürfnisse des damals modernen Kriegswesens eingerichtet und in der Lage, einer Beschießung mit Feuergeschützen zu widerstehen. So boten die geraden, aus glatten Quadersteinen gefügten Mauern kaum Angriffspunkte für Geschoßkugeln, während die im Innern der dicken Ecktürme hinter breiten Scharten stehenden Geschütze nach allen Seiten feuern konnten.

Noch 300 Jahre nach ihrer Erbauung bot die Burg im Siebenjährigen Krieg 1762 einem Trupp von 50 Jägern und 10 Reitern unter dem Leutnant Steigleder eine Zeit lang wirksamen Schutz vor 8000 französischen Belagerern, die mit 8 Geschützen und 2 Haubitzen angriffen. Erst nach langer Beschießung gaben die Verteidiger auf. Leutnant Steigleder erhielt vom französischen General voller Bewunderung für die tapfere Verteidigung seinen Degen zurück. Die Burg jedoch ging in Flammen auf und ist heute eine Ruine.

5.9 Wüstungen – aufgegebene Dörfer

Zwischen Bad Hersfeld und Heringen liegen nahe der B 62 in den Wäldern verschiedene Siedlungsreste von sogenannten „Wüstungen", die z.T. über 1000 Jahre alt sind. Einige dieser Wüstungen können auf Wanderungen besichtigt werden.
Wenige Kilometer östlich von Bad Hersfeld liegt das Städtchen Friedewald an der B 62. Aus der Zeit der häufigen Aufenthalte der hessischen Landgrafen (16. Jh.) im Schloß Friedewald (s. o.) stammt auch das steinerne Nadelöhr, das 4 km nordöstlich des Ortes im Seulingswald steht (siehe Karte Seite 130).
Beim *Nadelöhr* handelt es sich um einen 1 m hohen Steinbogen, der am Ende des 16. Jh.s anstelle eines hohlen Baums errichtet worden war. Wer zum ersten Mal dieses Weges zog, mußte damals durch den hohlen Baum kriechen, während seine Reisegefährten so lange „mit Knütteln" auf ihn einschlugen, bis er hindurch war. Auch Fürsten und Bischöfe ahmten diesen Brauch nach.
Bei dem am Ende des 16. Jh.s wohl verfallenen Baum, der schon als Nadelöhr bezeichnet worden war und dessen Name dann auf das Steinmal überging, handelte es sich um einen sogenannten Kriechbaum. Diese haben teilweise bis in die Neuzeit eine Rolle in der Volksmedizin gespielt. Das Durchkriechen oder Durchziehen kranker Menschen und Tiere durch Astlöcher, Astverschlingungen, Astgabelungen oder Wurzellöcher, durch gespaltene und dann wieder zusammengebundene junge Bäume, aber auch durch Felsspalten und Maueröffnungen ist ein Heilritus, der häufig überliefert ist. Dahinter verbirgt sich die Vorstellung vom Abstreifen einer Krankheit oder von einer symbolischen Wiedergeburt durch eine enge Öffnung. Noch heute kriechen Wanderer durch diese Öffnung und versprechen sich Gesundheit davon - sie streifen ihre Krankheit ab.
Wandert man 700 m südöstlich des Nadelöhrs, so kommt man in den Bereich der mittelalterlichen Wüstung *Hamundeseiche.* Hier steht inmitten des Waldes die „Dikke Eiche", die schon auf Johannes Mercators Karte von Niederhessen und Hersfeld von 1592 als hervorragender Baum verzeichnet ist und deren Alter heute auf mindestens 700 Jahre geschätzt wird. Daneben befindet sich ein kleiner Teich, der aus einem nahen Brunnen gespeist wird.
Der Volksmund berichtet, daß dies die Überreste eines ehemaligen Dorfes seien. Vermutlich war die Eiche der Dorfbaum der mittelalterlichen Ansiedlung. Bei Grabungen fand man schließlich einen gemauerten Backofen, einen Kachelofen sowie Reste einer 14 m langen Kirche, die, restauriert, heute noch zu sehen ist.
Fährt (oder wandert) man von Friedewald nach Heimboldshausen (B 62), so kommt man 2 km südlich von Friedewald zum Anliegerweg nach Lautenhausen. Genau gegenüber, also nach Nordosten, zweigt ein Weg Richtung Herfa ab, dem man jedoch nur ca. 400 m weit folgt und dort parkt. Von hier aus geht ein ebener und ge-

rader Waldweg nach Südosten (Signatur +36) zum Eichengarten (Anpflanzungen aus dem 18. Jh.) und zur Wüstung Waldradeberg mit der Walterskirche. Einfache Wanderstrecke ca. 2,5 km (siehe Karte Seite 130).
Über das ehemalige Dorf *Waldradeberg* gibt es in den Schriftquellen nur wenige Hinweise. Im Friedewälder Salbuch von 1579 wird es mit 17 anderen Orten als Wüstung aufgeführt. Doch dürften die Orte schon vor dem 30jährigen Krieg verlassen worden sein. Die Gründe, die im 14./15. Jh. zur Aufgabe zahlloser Dörfer geführt haben, sind vielfältiger Art und dürften in Epidemien, Agrarkrisen, Landflucht und allgemeinem Bevölkerungsrückgang zu suchen sein, nicht aber in Kriegsereignissen.
Außer den Resten der Kirche und ihrer Mauer hat sich im Dorfbereich ein Brunnen erhalten, der heute mit einer großen Steinplatte abgedeckt ist. Er heißt „Glockenborn". Eine Sage berichtet, daß die Dorfbewohner in Kriegsnöten in ihm die Kirchenglocke versenkt hätten; wenn ein Sonntagskind in stiller Stunde sein Ohr an den Brunnenrand lege, könne es noch heute die Glocke in der Tiefe läuten hören.

5.10 Die Wehranlage auf dem Glauberg

Der 276 m hohe Glauberg liegt etwa 8 km nordwestlich von Büdingen bei Glauburg und ist ein letzter Basaltausläufer des tertiären Vogelsbergvulkans (vgl. 2.7). Seine Höhe bildet ein etwa 900 m langes und bis 180 m breites Plateau (Abb. 51). Eine kleine Quelle, die in der Bronzezeit zum Weiher erweitert wurde, sicherte dort oben die Wasserversorung. Von der jüngeren Steinzeit bis ins hohe Mittelalter wurde der Berg immer wieder zeitweise besiedelt und befestigt. Zum Schutz und zur Ausübung der Macht bildete der Berg über Jahrtausende hinweg das Zentrum für die Gebiete Wetterau und Vogelsberg. Die Funde geben damit einen Querschnitt durch seine Siedlungsgeschichte.
Zwar stammen die ersten Funde am Glauberg aus der Jungsteinzeit, die erste Befestigung erfolgte jedoch in der Urnenfelderzeit (ca. 10.–8. Jh. v. Chr.). Es handelte sich dabei um einen Ringwall, der auch in späterer Zeit noch erhalten blieb.
Ihren stärksten Ausbau erhielt die Befestigung in der frühen keltischen Zeit (6.–5. Jh. v. Chr.). Bei der damaligen Mauer handelte es sich um eine Holz-Stein-Erde-Mauer. Auf der gefährdeteren Nordostseite wurde ein doppeltes Wall-Graben-System angelegt.
In der Limeszeit, kurz nach Christus, war der Glauberg nur 5 km vom Limes entfernt, jedoch nicht besiedelt. Nach dem Ende des Limes nahmen die Alemannen den Berg in Besitz (260 n. Chr.). Die Stammesfürsten ließen den Stützpunkt als star-

Abb. 51: Der Glauberg bei Büdingen mit seinem etwa 900 m langen Gipfelplateau.

ke Festung ausbauen (4.–5. Jh.) und hatten damit ein wichtiges Bollwerk gegen die Römer errichtet.
Der letzte Ausbau der Befestigung erfolgte im 13. Jh. (staufische Reichsburg). Im 12./13. Jh. erstreckte sich eine Siedlung über das gesamte Plateau.
Ein archäologischer Rundwanderweg mit Erläuterungstafeln beginnt am Parkplatz, der sich am SW-Rand des Glaubergs befindet.

5.11 Wanderungen am römischen Limes

Wanderung 1:
Nördlich von Wiesbaden, 2 km nördlich von Taunusstein, direkt am Parkplatz an der Straße B 417 beginnt ein beschilderter archäologischer Rundwanderweg.
Gleich zu Anfang sieht man das Kastell Zugmantel, daneben den rekonstruierten Limes und einen Wachturm.
Diese Anlage gehört zu den ältesten Streckenabschnitten des obergermanischen Limes. Sie hatte offenbar die Aufgabe, das fruchtbare Gebiet des Rheingaus mit der

Abb. 52: Schaubild des obergermanischen Limes zur Zeit seines stärksten Ausbaus zu Beginn des 3. Jahrhunderts n. Chr.

Hauptstadt Civitas Mattiacorum zu schützen. Über den Höhenrücken Zugmantel führte außerdem eine Fernstraße vom Taunusvorland in das Limburger Becken, dem nächsten Siedlungsgebiet der Germanen.
Der Limes diente in erster Linie dazu, die römische Reichsgrenze deutlich zu markieren und den Grenzverkehr räuberischer Banden zu verhindern. In den zwei Jahrhunderten ihres Bestehens hat die militärische Überwachungslinie 4 Ausbauten zu ihrer Verstärkung erfahren. Der erste Bauzustand war nur eine breite Waldschneise mit hölzernen Wachtürmen. Der letzte Bauzustand bestand aus Palisade, Graben und Wall sowie steinernen Wachtürmen (Abb. 52).
Die Palisade war häufig aus runden Eichenstämmen oder aus Eichenspalthölzern errichtet und mit Querverbindungen verstärkt. Der Limeswall war oben rund. Die Steintürme waren weiß verputzt mit rot eingelegter Quaderbemalung. Das Dach war schindelbedeckt. Der Eingang zum Wachturm lag so hoch über dem Boden, daß er nur mit einer Leiter erreicht werden konnte. Der Turm war in seinem Inneren dreigeteilt: unten die Vorratskammern, die nur durch eine Falltür zu erreichen waren, in der Mitte der Wohnraum, oben der Beobachtungsstand. Die Turmbesatzung wurde jeweils für längere Zeit aus dem nächstgelegenen Kastell abkommandiert (Abb. 53).
Das Kastell Zugmantel war ursprünglich eine Holzkonstruktion, die etwa 200 Soldaten Platz bot. Von der letzten Bauinschrift im Jahre 223 n. Chr. bis zum Fall des Limes 260 konnte das 124 m breite und 171 m lange Steinkastell etwa 360 Infanteristen und 120 Reiter beherbergen.
Interessant ist, daß die Reste der Anlage bis ins 18. Jh. hinein fast unberührt blieben. Leider wurden die Mauern im Zuge des dann folgenden Straßenbaus abgerissen und als Straßenunterbau verwendet.

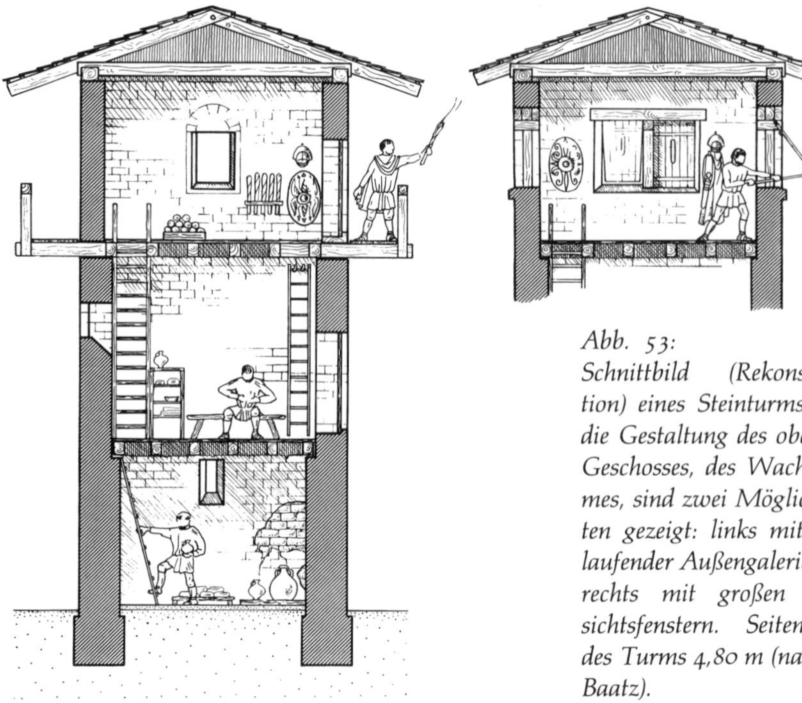

Abb. 53: Schnittbild (Rekonstruktion) eines Steinturms. Für die Gestaltung des obersten Geschosses, des Wachtraumes, sind zwei Möglichkeiten gezeigt: links mit umlaufender Außengalerie, rechts mit großen Aussichtsfenstern. Seitenlänge des Turms 4,80 m (nach D. Baatz).

Die topographische Karte Seite 137 zeigt den Verlauf des Limes zwischen dem Roten Kreuz (Oberreifenberg) und der Saalburg, außerdem Römerkastelle, 3 ältere Ringwälle der vorrömischen Zeit sowie ein Oppidum. Auf Wanderungen nach dieser Karte kann man einerseits die vorchristlichen Ringwallanlagen sehen, andererseits die nachchristlichen römischen Grenzanlagen. Im Folgenden werden zuerst die römischen Anlagen, dann die älteren Ringwallanlagen beschrieben.

Wanderung 2:

Nach der hier gezeigten topographischen Karte (Seite 137) kann man eine lange oder mehrere kleinere Wanderungen vom Römerkastell beim Kleinen Feldberg im Taunus dem Pfahlgraben entlang, über das Römerkastell Saalburg hinaus bis zum Kastell Kapersburg bei Pfaffenwiesbach unternehmen (vergl. Generalkarte 1:200.000); einfache Strecke etwa 20 km.

Im rekonstruierten Kastell Saalburg (Bad Homburg) befindet sich ein sehr interessantes Römermuseum.

Man kommt über das Autobahnkreuz Bad Homburg zur A 661 und nimmt die Ausfahrt Oberursel-Nord. Von hier aus Richtung Hohemark und Schmitten. Die topographische Karte zeigt 8 verschiedene Parkmöglichkeiten, von denen aus man

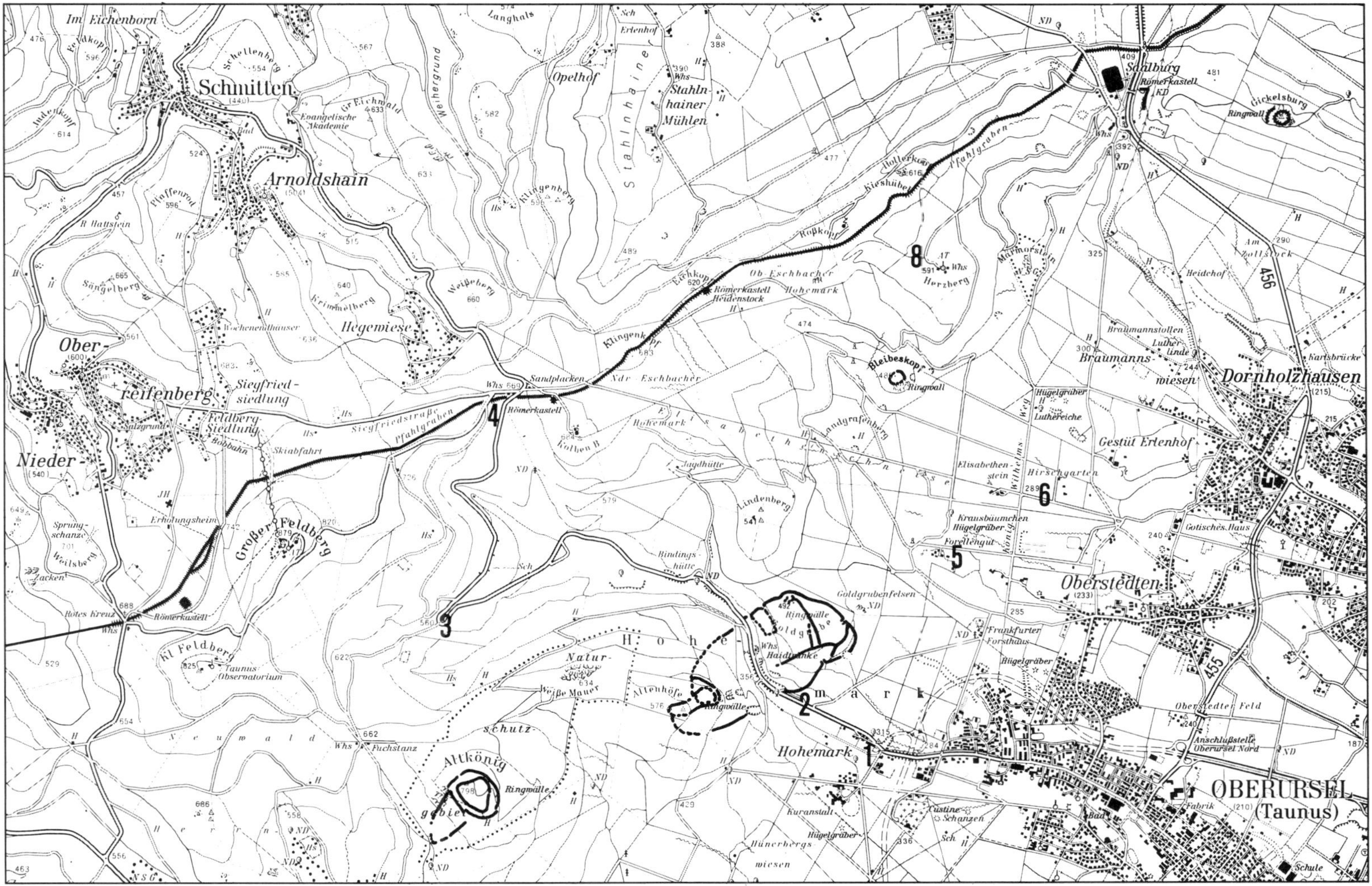
Schmitten
Arnoldshain
Im Eichenborn
Ober-reifenberg
Nieder-
Siegfried-siedlung
Feldberg-Siedlung
Hegewiese
Opelhof
Stahlnhainer Mühlen
Stahlnhaine
Saalburg
Römerkastell
Gickelsburg
Ringwall
Pfahlgraben
Herzberg
Bleibeskopf
Braumanns-wiesen
Dornholzhausen
Gestüt Erlenhof
Hirschgarten
Oberstedten
Gotisches Haus
Großer Feldberg
Kl. Feldberg
Taunus-Observatorium
Sandplacken
Römerkastell Heidenstock
Lindenberg
Goldgrubenfelsen
Ringwälle
Hohemark
Altkönig
Naturschutzgebiet
Weiße Mauer
Altenhöfe
Fuchstanz
Neumald
Kuranstalt
Hünerbergswiesen
Frankfurter Forsthaus
Anschlußstelle Oberursel Nord
OBERURSEL (Taunus)
456
455
1
2
3
4
5
6
7
8

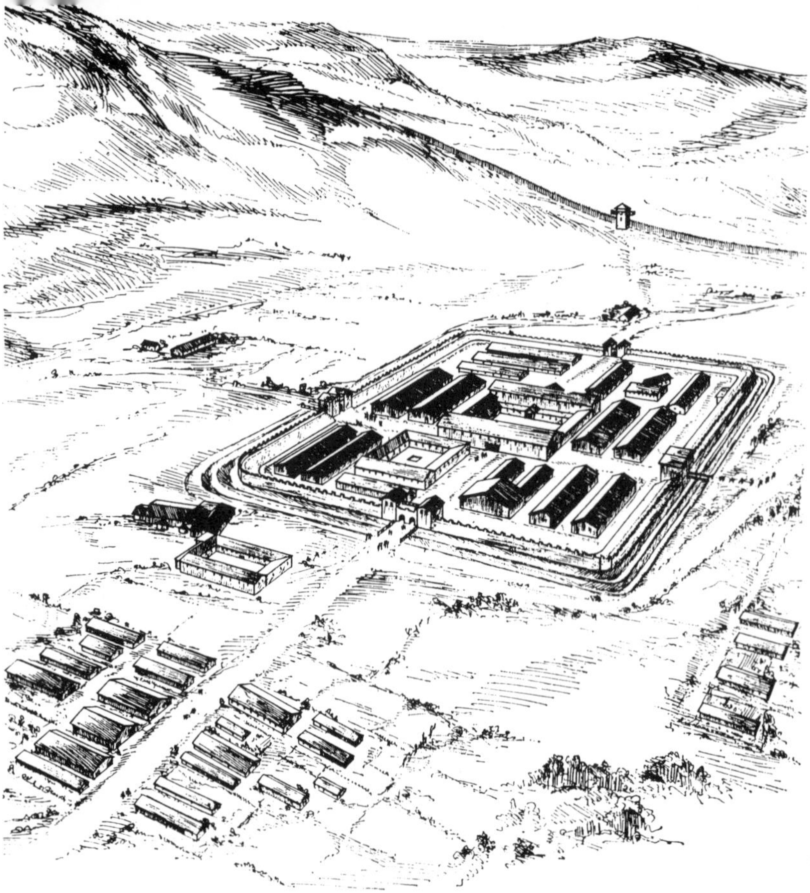

Abb. 54: So etwa dürfte die Saalburg im Altertum ausgesehen haben (um 200 n. Chr.) (D. Baatz).

Wanderungen zum Limes unternehmen kann, aber auch zu den Kastellen Saalburg, Großer Feldberg und Heidenstock sowie zu den viel älteren Ringwällen am Altkönig, am Bleibeskopf, an der Gickelsburg und zum Heidetränke-Oppidum (Hohemark). Ich möchte noch einmal darauf hinweisen, daß Ringwallanlagen, die wir heutzutage im Gelände finden, nur noch mit einiger Phantasie zu erkennen sind.
Zwei Kastelle, die entlang der Limeswanderung zu sehen sind, werden kurz beschrieben.
Am höchsten Paß des Taunus (688 m) liegt das *Feldbergkastell.* Als die Römer am Ende des 1. Jh.s n. Chr. unter Kaiser Domitian den Limes im Taunus anlegten, sperrten sie den Paß mit einem hölzernen Wachturm. Mitte des 2. Jh.s n. Chr. wuchs der Druck der Germanen auf die römische Provinz so stark, daß der Limes ständig verstärkt werden mußte. Es wurden steinerne Wachtürme und Kastelle errichtet.

Das Feldbergkastell wurde dicht an der Weilquelle, in der Mulde zwischen Großem und Kleinem Feldberg, gebaut. Mit 700 m Höhe ist es das höchstgelegene Kastell Deutschlands. Seine Grundmauern wurden freigelegt und sind heute in gutem Zustand zu sehen.

Die Umwehrung bestand, wie auch die der Saalburg, aus einer Steinmauer an der Front, hinter der ein Erddamm aufgeschüttet war. Vor der Mauer lag ein Verteidigungsgraben. Durch Steininschriften weiß man, daß das Kastell von einer 150–200 Mann starken leichten Aufklärungstruppe besetzt war (Abb. 54).

Der Pfahlgraben (Limes) ist etwa 100 m vom Kastell entfernt. Die Angehörigen der Soldaten lebten oft in nahegelegenen Dörfern. In einem Sumpf fand man auch Lederschuhe, die zu den seltensten Funden gehören (Abb. 55). Die Ausgrabungsfunde sind in dem sehr interessanten Saalburgmuseum (5 km nördlich Bad Homburg, B 456) und im Museum Wiesbaden zu sehen.

Abb. 55: Römische Lederschuhe im Saalburgmuseum.

Die *Kapersburg* ist ein römisches Kastell, das fast am nördlichen Ende unserer Limeswanderung (zwischen Pfaffenwiesbach und Ober-Rosbach) steht (Karte Seite 140). Es wurde wie viele andere ebenfalls nahe einer Quelle errichtet. Drei Ausbaustufen sind zu erkennen:

1. ein Holzkastell (Ende 1. Jh. n. Chr.);
2. ein älteres Steinkastell (wahrscheinlich 120–150 n. Chr.), es bestand aus einer zweischaligen Steinmauer ohne Mörtel, aber mit Holzverankerung;
3. ein jüngeres Steinkastell (wahrscheinlich 160–180 n. Chr.) – die heute noch sichtbaren Mauern gehören dieser Ausbaustufe an. Es handelt sich um massive, vermörtelte Steinmauern, mit vorgelagertem Graben. Das Kastell hatte in dieser Phase eine Länge von 126 m und eine Breite von 113 m.

Wie in allen Kastellen fand man auch hier das Fahnenheiligtum, beheizte Schreibstuben, Mannschaftsbaracken, Magazingebäude sowie das Wohnhaus des Kommandanten.

Zwischen dem Kastell und dem etwa 60 m entferten Limes lag, wie bei vielen anderen Kastellen auch, das Badegebäude der Truppe. Die Grabungsfunde werden im Wetterau-Museum Friedberg aufbewahrt.

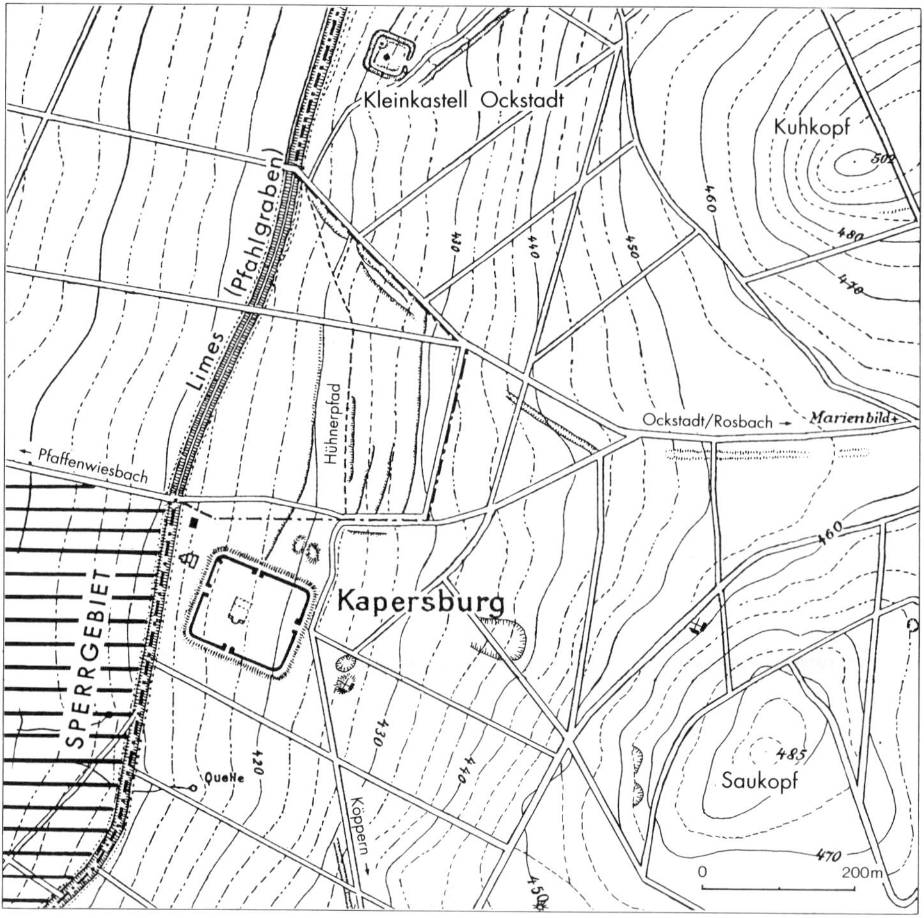

Das Numeruskastell Kapersburg und das Kleinkastell Ockstadt am Taunuslimes. Lageplan (nach ORL). M. 1 : 10 000.

Nur etwa 700 m weiter nach Norden kann man noch das *Kleinkastell Ockstadt* sehen. Die Reste der Anlage liegen etwa 60 m hinter dem Limes. Das Kastell hatte eine Grundfläche von 35 x 35 m.

Als Mitte des 3. Jh.s n. Chr. die Alemannenstürme einsetzten, gingen die Kastelle und der Limes unter. Die Römer zogen sich nun wieder an den Rhein zurück – der ursprünglichen Grenze ihres Imperiums.

5.12 Der Ringwall am Altkönig

Am Fuße des 798 m hohen Altkönigs, in der südlichen Wetterau und in der Mainebene muß etwa 400 v. Chr. das Siedlungsgebiet eines keltischen Stammes gelegen haben.
Am Altkönig hatte man daher einen doppelten Ringwall aus Steinen errichtet, der um den Berg herumzog und eine noch heute fließende Quelle einschloß. Der innere Ring hat eine Länge von ca. 980 m, der äußere von 1390 m (Abb. 56).

Abb. 56: Der Ringwall am Altkönig.

Der hier anstehende Taunusquarzit wurde als Baumaterial verwendet. Durch die blockartige Verwitterung hatte die Natur bereits das Steinmaterial vorgefertigt. Die heute sichtbaren Reste waren einst Mauern, die durch senkrechte Pfosten an Innen- und Außenfront zusammengehalten waren.
Da der innere Wall erheblich besser erhalten ist als der äußere, vermutet man, daß er erst viel später errichtet wurde, evtl. nachdem der äußere zerstört war. Man vermutet auch, daß das Baumaterial für den inneren Wall z.T. vom äußeren abgetragen wurde.
Bei der Anlage ist man sich nicht sicher, inwiefern es sich um eine Art Fluchtburg oder um einen Fürstensitz gehandelt haben könnte. Ausgeprägte Siedlungsspuren wurden jedenfalls nie entdeckt. Beim Eindringen der Römer in diese Gegend (um Christi Geburt) war die Anlage bereits zerfallen.

5.13 Der Ringwall am Bleibeskopf

Der 480 m hohe Bleibeskopf liegt etwa 6 km nordwestlich vom Stadtzentrum Bad Homburg (Karte Seite 137). Der Limes mit dem Römerkastell Heidenstock war von hier aus gerade 1,5 km entfernt. Die Ringwallanlage am Bleibeskopf ist natürlich wesentlich älter als der Limes. Sie stammt aus dem 8. Jh. v. Chr. (Urnenfelderkultur) und ist damit sogar älter als die Anlage am Altkönig.

Die Lage des Bleibeskopfs innerhalb der Vortaunushöhen kann durchaus als verborgen bezeichnet werden. Ohne gesehen zu werden, konnte man weit nach SO in die Rhein-Main-Ebene blicken. Das war wahrscheinlich der Grund für die Errichtung dieser Ringwallanlage.

Der relativ kleine Ringwall hat einen Umfang von 490 m und umschließt eine Fläche von 1,4 ha. Er bestand vermutlich aus einer reinen Steintrockenmauer von etwa 3 m Breite. Am Erhaltungszustand dieser Ringanlage merkt man ihr hohes Alter. Sie ist mehr als 400 Jahre älter als die Wälle am Altkönig und im Heidetränke-Oppidum (befestigte Siedlung).

Bemerkenswert ist die Zahl von 7 Depotfunden mit Bronzen, die aus dem Steinversturz des östlichen Ringwalls und aus dem Innenraum stammen. Man vermutet daher, daß der Berg eine Rolle im Bereich von Kult und Opfer gespielt haben könnte. Die Bronzen sowie eine Anzahl weiterer Einzelfunde belegen ein breites Sprektrum von Werkzeugen, Waffen, Schmuck und Geräte, wobei Gußformen auf lokale Werkstätten hinweisen. Die alten Funde werden im Saalburg-Museum, die neueren im Vortaunus-Museum Oberusel aufbewahrt.

5.14 Schatzfunde

Inzwischen wurden in Hessen mehrere Münzfunde, meist aus dem Mittelalter, gemacht. Solche Funde geben uns heute in vielerlei Hinsicht Auskünfte über das damalige Leben. So wird ein Fund z. B. mit der sogenannten Schlußmünze datiert. Das ist die jeweils jüngste Münze eines Schatzes, die dann am nähesten am Zeitpunkt der Deponie liegt.

Die Zusammensetzung eines Münzschatzes sagt aber auch etwas darüber aus, unter welchen Umständen dieser Schatz angesammelt wurde. Man erkennt, ob es sich um eine rasch zusammengeraffte Barschaft handelt, die etwa während des 30jährigen Kriegs (Anfang 17. Jh.) versteckt wurde, oder um ein lang angesammeltes

Abb. 57: Der Münzschatz von Feldkrücken (Vogelsberg).

Sparguthaben eines Wohlhabenden (meist Großgeld) oder eines Armen (meist Kleingeld).

Neben den sozialen Umständen lassen sich auch besondere Deponieumstände rekonstruieren, z.B. wenn namentliche Weihefunde, Münzen in Heiligtümern, Brunnen oder Quellen, in Flüssen bei Brücken oder Furten gefunden werden.

Vielfältig sind daher die Aussagen, die sich aus Münzfunden ableiten lassen. Wer übrigens einmal solch einen Schatz entdeckt und ihn den Landesämtern meldet, darf die Hälfte des Fundes als Eigentum behalten. Natürlich würden sich die Wissenschaftler freuen, wenn sie für weitere Untersuchungen die Erlaubnis erhielten, auch weiterhin Einsicht in private Sammlungen zu haben.

Einer der interessantesten Funde ist der Schatz von Feldkrücken, Stadt Ulrichstein im Vogelsberg, der 1627 verborgen und 1984 durch Zufall auf einem Feld gefun-

den wurde. Der Schatz ist heute im Universitäts-Museum für Kunst- und Kulturgeschichte in Marburg zu sehen (Abb. 57).
Etwa 1500 m östlich von Feldkrücken räumte 1984 der Forstwirt Erwin Rühl die Ackerfläche von Basaltsteinen ab. Bei dieser Arbeit entdeckte er einen verrosteten Eisenreif, der offenbar vom Pflug gerade freigelegt worden war. In diesem Eisenreif befanden sich 95 Silbermünzen. Bei der näheren Untersuchung fand man noch 23 weitere Münzen im Umkreis. Da der Mann den Fund sofort meldete, konnten wertvolle wissenschaftliche Untersuchungen durchgeführt werden. Folgendes kam dabei heraus:
Der Schatz wurde während des 30jährigen Krieges verborgen. Der ursprüngliche Eigentümer ist dann entweder verstorben, oder der Schatz wurde so hastig versteckt, daß der Eigentümer sein eigenes Versteck später nicht mehr auffinden konnte. Der Fundbehälter, von dem nur noch ein verrosteter Eisenreif übrig blieb, stammt wahrscheinlich aus der Landwirtschaft. Es könnte sich dabei um ein opferstockartiges Gefäß gehandelt haben. Der Schatz, der aus Philippstalern bestand, läßt sich auch im Geldwert der Zeit, nämlich in Gulden, ausdrücken. Es sind umgerechnet 145 Gulden und 33 Kreuzer (1 Gulden = 60 Kreuzer). Zur damaligen Zeit konnte man eine reichhaltige Mahlzeit mit mehreren Gängen sowie Getränken für 18 Kreuzer bekommen. Das entsprach zugleich etwa dem Tagelohn eines Maurermeisters. Umgerechnet auf heutige Wertmaßstäbe muß der damalige, wohl bäuerliche Besitzer also sehr wohlhabend gewesen sein.
Die meisten Fundstücke zeigen deutliche Spuren ihres jahrzehntelangen Umlaufs. Neben den Abnutzungsspuren sind auch Prüfhiebe zu erkennen, dadurch stellte man den Silbergehalt fest. Die hier gefundenen Philippstaler hatten einen Feingehalt von 833 Tausendstel Silber. Interessanterweise fand man unter den Münzen auch Falschmünzen, die dem Besitzer wohl nie aufgefallen waren.

5.15 Die „villa rustica", ein römischer Gutshof

Die *villa rustica,* auch Haselburg genannt, liegt südlich der Landstraße zwischen Höchst i. Odw. und Brensbach, südöstlich des Ortes Hummetroth. Man kommt entweder von Darmstadt aus auf der B 426 oder von Hanau/Frankfurt aus auf der B 45 nach Höchst. Die Anlage ist frei zugänglich, Führungen können jedoch vereinbart werden, Tel. 06163-3041.
In Hessen hat man inzwischen etwa 300 solcher römischer Villen gefunden, bei denen es sich um eine Art Aussiedlerhof gehandelt haben muß. Unser Gutshof, die Haselburg, entstand Mitte des 2. Jh.s n. Chr., nachdem um 90 n. Chr. das Land un-

ter römische Herrschaft gekommen und ca. 100 n. Chr. der Odenwaldlimes errichtet worden war. Das Ende des Gutshofes kam, wie auch das anderer römischer Siedlungen, um 260 n. Chr., als die Römer unter dem Ansturm germanischer Stämme den Limes aufgeben mußten und die Grenze an den Rhein zurückverlegt wurde.

Man glaubt heute, daß die villa rustica den Landsitz eines wohlhabenden Mannes darstellt. Die Gebäude waren mit prächtigen Wandmalereien ausgestattet, durch Luftzirkulation in Feuerkanälen war das Haus geheizt, die Dächer waren mit Ziegeln gedeckt, ein Bad war bei den Römern selbstverständlich. Wie jeder Gutshof besaß auch dieser eine Jupitersäule, die als heidnisches Götzenwerk später zerschla-

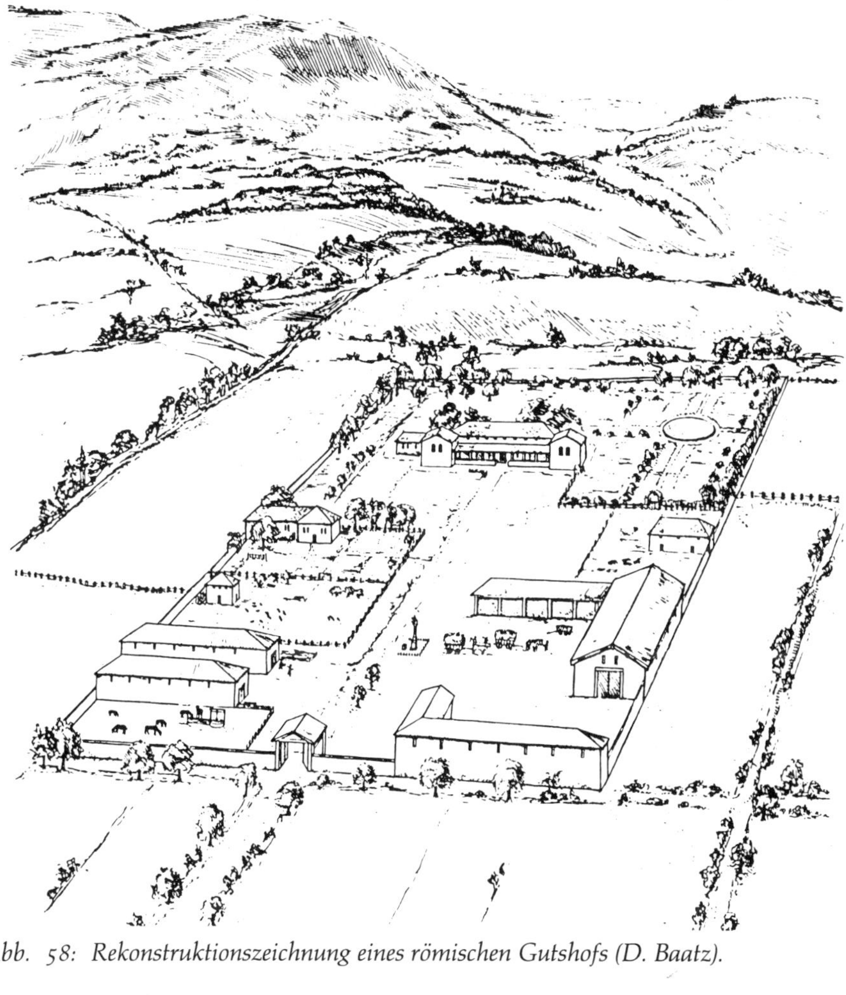

Abb. 58: Rekonstruktionszeichnung eines römischen Gutshofs (D. Baatz).

gen wurde. Das Gut hatte eine Seitenlänge von etwa 185 m. Lebensgrundlage dieses reichen Guts war die Landwirtschaft, daneben kommen noch Kalkbrennerei und Ziegelproduktion in Frage (Abb. 58).
Als Letztes sei aus dem Odenwald noch die Stadt Lorsch am Rhein angesprochen. Nahe Lorsch wurden die ersten Klosterkirchen im östlichen Frankenreich gefunden (750–800 n. Chr.). Ein heimatkundlicher Lehrpfad, der ausgeschildert ist, schließt das Kloster Hagen im Süden von Lorsch ein sowie das Altenmünsterkloster im Nordosten und das Hauptkloster in Lorsch selbst.

6. Anhang

Die wichtigsten Minerale

Alle Gesteine werden in 3 große Gruppen untergliedert: Magmatite, Metamorphite und Sedimente.
Die Hauptmasse der Gesteine wird von nur wenigen Mineralen gebildet, die man *Silikatminerale* nennt, und zwar, weil alle diese Minerale im wesentlichen aus den Metallen Natrium (Na), Kalium (K), Magnesium (Mg), Eisen (Fe), Kalzium (Ca) und Aluminium (Al) bestehen, die mit einem sogenannten *Silikatkomplex* (Si_xO_y) verbunden sind.

- Das häufigste und eines der widerstandsfähigsten Minerale ist der *Quarz* (SiO_2), auch Kieselsäure genannt. Er ist durchsichtig farblos und Idikatior für die Bezeichnung „saure Gesteine".
- Das zweithäufigste Mineral ist *Feldspat.* Bei ihm handelt es sich nicht wie beim Quarz um ein einziges Mineral, sondern um eine ganze Gruppe von chemisch ähnlichen Mineralen – die Feldspatgruppe. Die wichtigsten Feldspäte sind die Kalifeldspäte (K ($AlSi_3O_8$)) und die Plagioklase Na ($AlSi_3O_8$) und Ca ($Al_2Si_2O_8$). Kalifeldspat ist oft rötlich, Plagioklas hell-milchig. Je mehr Kalzium (Ca) der Plagioklas enthält, desto basischer ist das Gestein, zu dem er gehört, d.h. desto heißer war die Schmelze und desto tiefer in der Erde war der Ursprung des Gesteins.
- *Glimmerminerale* haben geringe Mengen an Wassermolekülen in Ihrem Kristallgitter eingebaut und sind schichtig aufgebaut, sie sehen aus wie kleine Blätter. Es gibt helle Glimmer (Muskovit: K Al_2 ($AlSi_3O_{10}$)$(OH)_2$ und dunkle Glimmer (Biotit: K $(Mg,Fe)_3$ ($AlSi_3O_{10}$)$(OH)_2$).
- *Tonminerale* haben einen ähnlichen Aufbau wie Glimmer, sind jedoch mikroskopisch kleine Schichtkristalle verschiedener Zusammensetzung.
- *Amphibole* und *Pyroxene:* Beide Mineralgruppen bestehen aus chemisch sehr ähnlichen Mineralen. Der Hauptunterschied ist jedoch, daß Amphibole Wassermoleküle in ihrem Kristallgitter eingebaut haben, Pyroxene nicht. Die Minerale aus beiden Gruppen haben dunkle Farben (grün oder braun), sind langgestreckte, säulige Kristalle und bestehen aus den Kationen Ca, Mg, Fe und einem angehängten Silikatkomplex, also aus Si- und O-Atomen.
- *Kalkspat/Aragonit:* Chemisch sind beide gleich ($CaCO_3$) werden jedoch unter verschiedenen Bedingungen gebildet und haben daher unterschiedliche Kristall-

gitterstrukturen. Sie haben eine geringe Härte und können verschiedene Farben haben, je nach der Verunreinigung mit Fremdatomen; Fe (Eisen) macht rote Farben, Mn (Mangan) schwärzliche Farben.

- *Dolomit* ist dem Kalkspat (Kalzit) sehr ähnlich, was schon an seiner chemischen Formal zu sehen ist: $Ca,Mg\ (CO_3)_2$. Er besitzt also neben den Kalzium- noch Magnesiumatome in seinem Kristallgitter.
- *Gips/Anhydrit:* Chemisch sind beide fast gleich, Gips hat im Gegensatz zu Anhydrit Wassermoleküle in seinem Kristallgitter eingebaut: $CaSO_4 + H_2O$.
- *Olivin* ist das klassische Mineral aus dem oberen Erdmantel, das für ultrabasische Gesteine typisch ist, also der Gegensatz zum Quarz; Formel: $Fe,Mg\ SiO_4$.

Die wichtigsten Gesteine

Magmatite

Magmatische Gesteine sind glutflüssige Gesteine, die aus dem oberen Erdmantelgestein, Peridotit genannt (ab ca. 40 km Tiefe), ausschmelzen und in die darüberliegende Erdkruste eindringen (Tiefe bis 40 km) oder bis zur Erdoberfläche aufsteigen. Das Interessante dabei ist, daß nicht alle Minerale eines Gesteins bei der gleichen Temperatur schmelzen. Bei steigender Temperatur werden also immer zuerst die Minerale ausschmelzen, die die niedrigste Schmelztemperatur besitzen. Wenn geringe Mengen Wasser dem Gestein zugeführt werden, ist der gleiche Vorgang schon bei niedrigeren Temperaturen zu beobachten. Dieses Teilschmelzen führt also zu neuen magmatischen Gesteinsschmelzen, die sich von ihrem Muttergestein trennen.

Magmatische Gesteine, die in der Tiefe erstarren, nennt man *Plutonite,* solche, die bis zur Erdoberfäche gelangen, *Vulkanite.* Obwohl beide Variationen manchmal chemisch sehr ähnlich sein können, gibt es doch einen gravierenden Unterschied:

- Plutonite kühlen langsam ab, weil sie in 3–15 km Tiefe als großer „Intrusionskörper“ steckenbleiben. Sie zeichnen sich durch große Kristalle aus, die manchmal mehrere Zentimeter lang werden können.
- Vulkanite, die oft durch eingeschlossene Gase unter hohem Druck stehen und auf der Erdoberfläche daher explosionsartig ausgeschleudert werden, kühlen rasch ab. Daher können sich keine großen Kristalle bilden. Vulkanite sind dichte, feste Gesteine mit winzigen Kristallen, die wir mit den Augen meist nicht sehen können (Ausnahme bei sogenannten Porphyren, bei denen sich schon während des Aufstiegs einzelne größere Kristalle gebildet haben, siehe Wanderung 2.4.7, Odenwald).

Im Folgenden werden die wichtigsten Gesteine vorgestellt, und die Minerale, aus denen sie aufgebaut sind, werden in Klammern angegeben. Das im jeweiligen Gestein häufigste Mineral steht zuerst. Als Faustregel sollte man sich folgendes merken: Quarzreiche (SiO_2) und kalziumarme (Ca) Gesteine nennt man „sauer", umgekehrt „basisch".

Die wichtigsten Plutonite sind:

- *Granit* (Kalifeldspat, viel Quarz, Ca-armer Plagioklas, Glimmer, wenig Amphibol), saures Gestein aus geringer Tiefe (5–10 km) (Abb. 59).
- *Diorit* (Plagioklas, wenig Kalifeldspat, Quarz, Glimmer, Amphibol), intermediäres Gestein, steht chemisch zwischen Granit und Gabbro. Der Quarzgehalt und die Ca-Plagioklase entscheiden in erster Linie, ob ein Gestein sauer oder basisch ist.
- *Gabbro* (Ca-reicher Plagioklas, Pyroxen, kaum Kalifeldspat, kaum Quarz), basisches Gestein aus großer Tiefe (mehr als 20 km).
- *Peridotit* (Olivin, Pyroxen, Spinell, kein Quarz !), ultrabasisches Gestein vorwiegend aus dem Erdmantel (mehr als 40 km Tiefe).

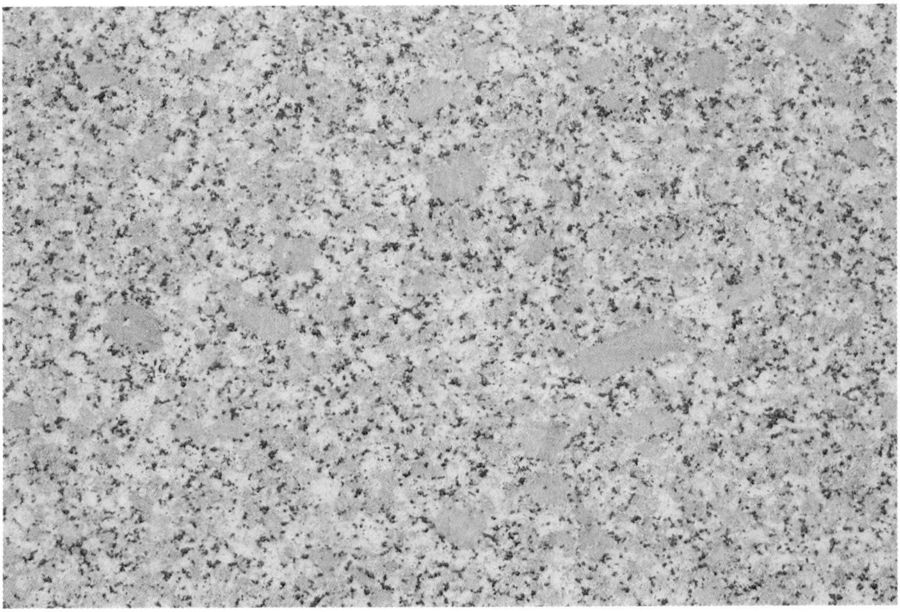

Abb. 59: Granit: Bei den großen rechteckigen Mineralen handelt es sich um Kalifeldspate, bei den weißen um Plagioklas, bei den farblosen um Quarz, bei den schwarzen um Biotit oder Amphibol.

Die wichtigsten Vulkanite sind

- *Basalt* (Plagioklas, Pyroxen), basisches Gestein (chemisch wie Gabbro), dazu gehören noch Aschen und Lockerprodukte. Diabas ist alter, vergrünter Basalt; Dolerit ist grobkörniger Basalt.
- *Rhyolith* oder *Quarzporphyr* (Kalifeldspat, Quarz, wenig Plagioklas, Glimmer, evtl. Amphibol), saures Gestein (chemisch wie Granit).
- *Phonolith* (Kalifeldspat, Plagioklas, Nephelin und Leuzit sind besonders SiO_2-arme Feldspäte).

Sedimente

Sedimente sind alle Gesteine, die durch die chemische und physikalische Verwitterung auf der Erdoberfläche entstanden sind.

Beispiel: Eine Gebirgskette wird aus Granit und Gneis aufgebaut. Durch die Erosion werden die Berge im Laufe von einigen Millionen Jahren abgetragen. Ihr Abtragungsschutt wird durch Flüsse oder durch Winde in einem Becken zusammengetragen. Entstanden sind Sedimente aus winzigen Körnern der erodierten Granite und Gneise. Diese Sedimente können nun durch verschiedene Vorgänge wiederum verfestigt werden und Sedimentgesteine bilden.

Die wichtigsten Sedimentgesteine sind:

- *Sandstein*, er besteht in erster Linie aus Quarzkörnern, untergeordnet aus Feldspäten und Glimmern. Die Körner werden durch sogenannte Bindemittel zusammengehalten, die durch zirkulierende Wässer in die Poren gelangen. Es sind meist Kalzit ($CaCO_3$) oder Eisenoxide und -hydroxide (Fe_2O_3 und FeOOH). Sande entstehen in erster Linie durch weitläufige Fluß- oder Windablagerungen und werden später zu Sandstein verfestigt.
- *Mergel*, häufig ein feinkörniges, plattiges Gestein, das in erster Linie aus Kalzit- und Tonmineralen besteht. Es entsteht wie auch der Tonstein (verfestigte Tonminerale) am Grund von Seen oder im Meer, also im ruhigen Wasser.
- *Grauwacke* ist meist ein unsortiertes, fein- und grobkörniges Gestein, das aus Quarz-, Amphibol-, Pyroxen-, Feldspat-, Gimmer- und Kalkkörnern besteht. Grauwacke entsteht oft bei der Gebirgsbildung, also dann, wenn das anstehende Gestein mit großer Energie erodiert wird.
- *Flysch* ist ein Überbegriff für Gesteine, die im Meer während der Bildung großer Gebirgsketten aus dem ersten unsortierten und bunt gemischten Gebirgsschutt entstanden sind. Es sind Gemische aus marinen Sanden, Mergeln, Schiefern und Kalken.

- *Kalk-* oder *Dolomitgestein.* Beide Gesteine bilden sich am Meeresgrund durch die chemische Ausfällung von Kalkschlamm und durch das Ablagern von Millionen von Kalkskeletten abgestorbener Meerestiere, wie Muscheln, Austern, Korallen, Algen usw. Besondere Formen der $CaCO_3$-Ausscheidung sind der Travertin an Quellen und der Tropfstein in Höhlen. Dolomit wird meist sekundär aus Kalk durch Magnesiumzufuhr gebildet.
- *Konglomerate* sind Sedimentgesteine, die aus Fluß- oder Brandungsgeröllen verschiedener Größe bestehen.
- *Brekzien* entstehen, wenn sich ganze Gesteinspakete gegeneinander bewegen. Sie bestehen aus eckigen, zerbrochenen und wieder verfestigten Gesteinsbruchstücken.
- *Kohle* ist nichts anderes als verfestigtes und chemisch etwas verändertes organisches Material, also Bäume, Büsche, Gräser usw.
- *Salz* und *Gips* entstehen, wenn Meeresarme durch Erdkrustenbewegungen abgeschnürt werden und das Wasser verdunstet; zurück bleiben die Stoffe, die nicht verdunsten können.
- *Schieferton* besteht hauptsächlich aus verfestigten Tonmineralen. Das Gestein spaltet plattig ab und wird gerne als Dachschiefer benutzt.

Metamorphite

Metamorphite sind Gesteine, die meist in großer Tiefe durch Hitze und Druck umgewandelt wurden.

Nehmen wir an, irgendein Gestein (Sediment, Magmatit) befinde sich in der obersten Erdkruste (Tiefe 0–5 km). Es wird nun durch tektonische Prozesse (=Erdkrustenbewegungen) im Laufe von Millionen Jahren in größere Tiefen versenkt und anschließend wieder gehoben. In großer Tiefe (5–35 km) wird das Gestein hohem Druck, großer Temperatur und starkem Bewegungsstreß ausgesetzt. Dadurch kommt es zur Umkristallisation der Mineralkörner oder zur Neubildung von Mineralen aus den vorhandenen chemischen Komponenten. Durch den Bewegungsstreß besitzt das neu entstandene metamorphe Gestein oft eine lagig-wellige Struktur, wie man am Beispiel des Gneis sehr gut sehen kann. Ist die Temperatur so hoch, daß einzelne Minerale bereits schmelzen, so bilden diese sogenannte *Mobilisate,* d. h. kleine bewegliche Gesteinsschmelzen.

Die wichtigsten Metamorphite sind:

- *Gneis* (Feldspäte, Quarz, Glimmer), oft langgestreckte Kristalle, lagig-welliges Gefüge. Ausgangsgesteine waren Granit oder Sedimente, wie mergelige Sandsteine (Abb. 60).

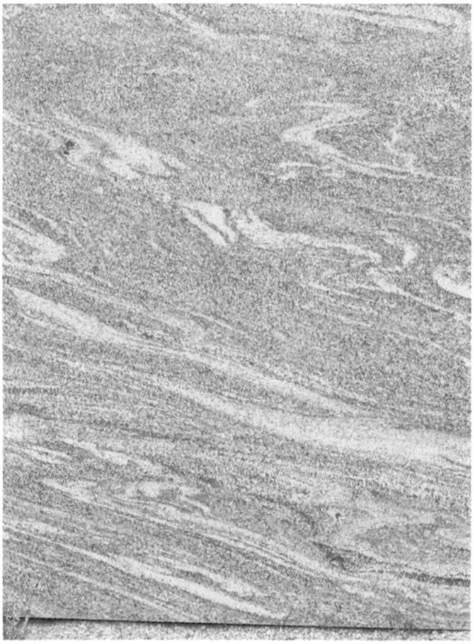

Abb. 60: Gneis: Die schlierenartig hellen Minerale sind Quarzmobilisate (geschmolzener Quarz), die übrigen Feldspate, Glimmer und Amphibol.

Abb. 61: Amphibolit: Das Gestein besteht fast ausschließlich aus den strahlig gewachsenen Amphibolmineralen.

- *Schiefer* (Glimmer, Quarz, Feldspäte), es gibt die verschiedensten Arten von Schiefergesteinen, wobei das Wort „Schiefer" in erster Linie etwas über des plattige, schiefrige Aussehen des Metamorphits aussagt.
- *Amphibolit* besteht in erster Linie aus Amphibolen, die sich meist während der Metamorphose neu gebildet haben; Ausgangsgestein waren Basalt, Gabbro oder Tonsteine (Abb. 61).
- *Hornfels,* seine Zusammensetzung ist ähnlich der des Amphibolits, er entstand jedoch im Kontakt zu sehr heißen vulkanischen Gesteinen. Der Hornfels ist daher feinkristallin, dicht und extrem hart.
- *Quarzit* ist metamorpher Sandstein, bei dem die Quarzkörner nicht mehr mit einem Bindemittel aneinanderliegen, sondern durch die Metamorphose miteinander verwachsen sind.
- *Marmor* ist grobkristalliner Kalk, der nach dem gleichen Prinzip wie auch der Quarzit entstanden ist.

Eine Zeitrafferreise durch unsere Erdgeschichte

Unsere Zeitrafferreise durch die Erdgeschichte soll in Form einer Tabelle erfolgen, die links den Namen des Erdzeitalters sowie seine Dauer vor Millionen von Jahren vor heute zeigt. Rechts daneben werden die wichtigsten Gesteine genannt, die in dieser Zeit im mitteldeutschen Raum entstanden sind. Parallel hierzu wird noch ein kurzer Einblick in die Paläogeographie und Klimatologie gegeben (paläo = griechisch alt).

Wir reisen von der Vergangenheit in die Gegenwart

Zeitalter (ältere Einheiten werden hier nicht überschrieben	System in Mill. Jahren vor heute	Wichtigste Gesteine im mitteldeutschen Raum
Kambrium Ordovizium Silur Devon Karbon	(570–500) (500–440) (440–400) (400–345) (345–280)	Im Devon und Karbon wurden die *varistischen Gebirge* gebildet, zu denen fast alle deutschen Mittelgebirge gehören, wie Schwarzwald, Vogesen, Odenwald, Spessart, Rheinisches Schiefergebirge, Harz, Fichtelgebirge, Frankenwald, Bayerischer Wald, Böhmische Masse. Man glaubt heute, daß diese alten Gebirge genauso entstanden sind wie die viel jüngeren Alpen, Pyrenäen, Dinariden (Jugoslawien), Karpaten, Helleniden (Griechenland), Tauriden (Türkei). Der Gebirgsbildungsvorgang lief wie folgt ab: Ein Nord- und ein Südkontinent sind durch einen Ozean getrennt. Durch die bekannten, weltumspannenden Kontinentalwanderungen auf dem zähflüssigen Erdmantelgestein bewegen sich beide Kontinente langsam aufeinander zu und kollidieren. Der dazwischen liegende Ozean und die in ihm abgelagerten Gesteine werden zum Teil in die Tiefe gedrückt, zum Teil gehoben und in der Kollisionszone zu einem Gebirge aufgefaltet („Knautschzone"). Dabei werden auch ganze Gesteinseinheiten mehrere Zehnerkilometer horizontal übereinander geschoben, so daß schließlich Gesteine überein-

anderliegen, die ursprünglich Hunderte von Kilometern entfernt voneinander gebildet wurden. Ganze Gesteinspakete werden versenkt und dort Hitze und Druck ausgesetzt – sie werden metamorph –, durch spätere Hebung können solche Metamorphite (kristalline Gesteine) wieder an die Erdoberfläche gelangen.
Während dieser Durchbewegung der Erdkruste dringen von unten her Vulkanite ein, oder zähflüssige Granitschmelzen suchen sich entlang von riesigen Schwächezonen im Gestein einen Weg nach oben.
Alle diese Gesteine finden wir heute in den varistischen Gebirgen wieder. Dieses Gebirge bildet den Untergrund unter ganz Mitteleuropa (Deutschland, Frankreich, Britische Inseln, DDR, CSSR), zum Teil sogar unter den USA und Kanada, die zu der Zeit der Gebirgsentstehung noch direkt an Europa lagen. Diese Gesteine werden daher als *Grundgebirge* bezeichnet.

Perm: (280–225)
Rotliegende
Zechstein

Das Rotliegende (280–240 Mio. Jahre) ist ein alter Bergmannsausdruck, bei dem es sich um Sande, Konglomerate und Tone handelt, die durch Eisenausscheidungen rot verfärbt sind.
Die Rotliegend-Gesteine sind nichts anderes als der Schutt der varistischen Gebirge. Die Hauptablagerungen dieses Schutts fanden in SW–NO-verlaufenden großen Senken statt.
Große Teile der varistischen Gebirge wurden anschließend durch Erdkrustenbewegungen (tektonische Prozesse) abgesenkt und waren nicht mehr zu sehen. Diese Teile des Grundgebirges wurden von jüngeren Sedimenten bedeckt.
Im Zechstein (240–225 Mio. Jahre) stieß das Meer mehrmals von Norden kommend bis nach Süddeutschland vor (Nordschwarzwald). Beim ersten Vorstoß lagerte es Konglomerate ab, dann kupferhaltigen Schiefer, Dolomit, dar-

über Gips und Salz. Gips und Salz zeigen dem Geologen, daß ganze Meeresarme durch Landhebung abgeschnürt wurden und ausgetrocknet sind. Das periodische Auftreten der obengenannten Gesteinsabfolge zeigt, daß das Meer viermal vorstieß und viermal ausgetrocknet ist.

Trias: (225–190)
Buntsandstein
Muschelkalk
Keuper

Die meisten hessischen Gesteine stammen aus der Triaszeit.

Der Buntsandstein ist wie Muschelkalk und Keuper im gleichen Ablagerungsraum entstanden: im Germanischen Becken (Abb. 62). In dieser weitläufigen Beckenlandschaft wurde vor 225–215 Mio. Jahren der rote Sandstein abgelagert, den wir heute in fast ganz Mitteldeutschland finden können.

Abb. 62: Mitteleuropa während der Muschelkalk-Zeit (210–220 Mio. J.) (nach Hohl 1981 und Laemmlen 1987)

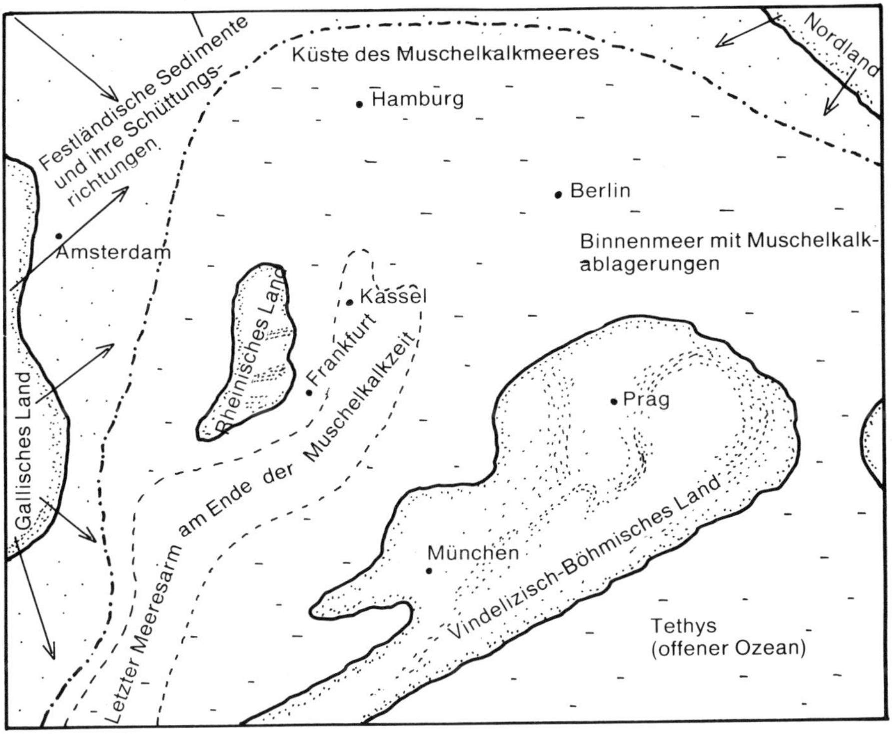

Die Beckenlandschaft, die von der heutigen Donau bis zur Nordsee und von der Maas (F) bis nach Polen reichte, war umschlossen von hochliegenden Bergen im Südosten und im Westen. Von diesen Bergen brachten wilde Flüsse große Mengen an Sand mit und lagerten ihn ab. Der Sand verfestigte sich im Laufe von Millionen von Jahren, es entstand der rote Buntsandstein. Am Rande des Beckens findet man Konglomerate.

In der Muschelkalkzeit erstreckte sich über ganz Deutschland ein Binnenmeer, das über 2 Meeresstraßen (im SW und SO) mit der Thetys (Name des damaligen offenen Ozeans) verbunden war. Land waren nur große Teile des Rheinischen Schiefergebirges und das Gebiet südlich und nordöstlich der heutigen Donau.

Durch das tropische Klima trocknete das Binnenmeer einmal aus, so entstanden Gips und Steinsalz in der mittleren Muschelkalkzeit. Hauptgesteine sind Muschelkalk, der zahllose Muschelschalen beinhaltet, untergeordnet findet man Ton, Mergel und Dolomit.

Im Keuper (205–190 Mio. Jahre) überflutet ein Meer mehrmals den mitteldeutschen Raum von Norden und Südosten her. Daher wechseln die Ablagerungen zwischen marin und festländisch. Dadurch gibt es Gips, Mergel, Sandstein, Tone. Frei vom Meer bleiben nur Teile des Rheinischen Schiefergebirges und das Land südöstlich der heutigen Donau.

Jura: (190–136)
Lias
Dogger
Malm

Im Lias werden in einer weiten Seenlandschaft Tone abgelagert.

Im Dogger lagern Flüsse und ein erster Meeresvorstoß helle Sandsteine ab.

Im Malm ist bis auf wenige Restinseln in Mitteleuropa alles unter Meeresbedeckung. Es werden helle Kalkgesteine abgelagert.

In Hessen finden sich kaum Ablagerungen aus dieser Zeit.

Kreide	(136–65)	In Mitteleuropa herrscht tropisches Klima. Die Saurier erleben ihre Hochzeit. In Hessen finden sich kaum Ablagerungen aus dieser Zeit. In Norddeutschland und Südostdeutschland stößt das Meer vor und lagert Sande, Mergel, Salze und die bekannte Schreibkreide mit ihren Feuersteineinschlüssen ab. Mitteldeutschland ist während dieser Zeit Festland.
Tertiär	(65–2)	Im Alttertiär (65–26 Mio. Jahre) herrscht in ganz Mitteleuropa ein tropisches Klima, und es beginnt eine ausgedehnte Vulkantätigkeit in Deutschland. Der Rheintalgraben beginnt sich langsam zu öffnen und schafft zusammen mit der Hessischen Senke eine Meeresverbindung zwischen dem damaligen Nord- und Südmeer. Es werden marine Sedimente abgelagert. Vor 49 Millionen Jahren entsteht in geologisch sehr kurzer Zeit die bekannte Grube Messel. Die europäische und die afrikanische Kontinentalplatte beginnen langsam auf sich zuzuwandern. Der dazwischenliegende Ozean wird verdrängt, und es kommt schließlich zur Kollision der beiden großen Kontinente (vergl. variatische Gebirgsbildung am Anfang der Zeitrafferreise). In der „Knautschzone“ entstehen die jüngsten Gebirge, die wir heute kennen: Alpen, Pyrenäen, Dinariden, Helleniden, Tauriden – dieser junge Gebirgszug reicht bis in den Himalaja, der jedoch durch die Kollision mit dem indischen Subkontinent gebildet wurde. Im Jungtertiär (26–2 Mio. Jahre) erreicht die Vulkantätigkeit in Deutschand ihren Höhepunkt. Es werden Basalte, Phonolith, Tuff und pyroklastische Gesteine ausgeworfen und bedecken große Teile Deutschlands und Hessens. Die Rhön, der Vogelsberg, der Westerwald, die Eifel und zahlreiche kleinere Vulkanvorkommen entstehen.

In den letzten Meeresarmen (Rheintalgraben) entstehen Salz- und Gipsgesteine. Durch das Absterben großer Urwälder entsteht die heutige Braunkohle. In den sich immer tiefer absenkenden Rheintalgraben werden ungeheure Mengen an Sedimenten eingeschwemmt.
Durch Erdkrustenbewegungen werden Teile der alten varistischen Gebirge blockartig gehoben, die im Laufe der Erdgeschichte abgesenkt waren (siehe Absatz Karbon / Devon).
Die Alpen haben sich als Kollisionsstruktur gebildet und werden nun sehr schnell gehoben. Ihr Schutt bildet die sogenannte Molasse, die wir heute im Raum zwischen Donau und dem nördlichen Alpenrand finden.

Quartär (2–0)

Das Klima verschlechtert sich zunehmend, und es wird sehr kalt in Mitteleuropa. Von Skandinavien her dringen gewaltige Gletscher bis nach Norddeutschland vor. Sie durchpflügen die flache Ostsee und bringen riesige Mengen an Schutt mit. Hieraus bilden sich die Moränen, die man heute noch sehen kann. Große mitgeschleppte Felsblöcke, die nach dem Abschmelzen der Gletscher zurückbleiben, nennt man Findlinge.
Ansonsten werden nur wenig Lockersedimente abgelagert, es sind Flugsande (Dünen), Flußschotter, Löß oder Torfmoore.